"十四五"部委级规划教材

广州市哲学社会科学规划课题"国潮视域下瑶族服饰元素时尚化的数字设计与传播"成果

广东省科技专项资金("大专项＋任务清单")项目"基于3D虚拟数字化服饰设计技术的创新研究"成果

U0149826

服装设计与虚拟仿真表现

杨翠钰　张祥磊　编著

中国纺织出版社有限公司

内 容 提 要

本书为"十四五"部委级规划教材，主要内容包括几大类别服装设计的设计思路、方法及设计案例，以及服装设计效果的虚拟仿真。本书通过具体服装设计案例将传统的服装设计内容更加形象化，更加适合学生学习，为高校服装专业课程建设提供基础和参考，为地区产业经济发展供给人才提供服务。同时在本书中设计虚拟仿真表现内容，弥补了设计制作过程中仅依据设计效果图而产生的不可控因素，让设计变得可控且更加精准，未来成衣制作更加接近设计思路，具有更高的市场参考价值。

本书既适合本科、高职院校服装设计相关师生作为教材使用，也适合服装从业者参考阅读。

图书在版编目（CIP）数据

服装设计与虚拟仿真表现 / 杨翠钰，张祥磊编著
. -- 北京：中国纺织出版社有限公司，2023.11
"十四五"部委级规划教材
ISBN 978-7-5229-1187-8

Ⅰ.①服…　Ⅱ.①杨…②张…　Ⅲ.①服装设计—计算机仿真—高等学校—教材　Ⅳ.① TS941.26

中国国家版本馆 CIP 数据核字（2023）第 213887 号

责任编辑：宗　静　　特约编辑：魏宛彤
责任校对：高　涵　　责任印制：王艳丽

中国纺织出版社有限公司出版发行
地址：北京市朝阳区百子湾东里 A407 号楼　邮政编码：100124
销售电话：010—67004422　传真：010—87155801
http://www.c-textilep.com
中国纺织出版社天猫旗舰店
官方微博 http://weibo.com/2119887771
天津千鹤文化传播有限公司印刷　各地新华书店经销
2023 年 11 月第 1 版第 1 次印刷
开本：787×1092　1/16　印张：12.5
字数：250 千字　定价：68.00 元

凡购本书，如有缺页、倒页、脱页，由本社图书营销中心调换

广东是中国重要的服装生产大省，纺织服装业是广东省传统支柱产业和重要的民生产业，其服装产量约占全国20%，同时也是我国服装出口贸易第一大省。为推动纺织行业高质量发展，加快建设纺织现代化产业体系，广东也将推动全省纺织服装产业集群走时尚化、高端化、品牌化、数智化、低碳化、国际化和总部经济集聚地、创意设计策源地等高质量发展道路，培育世界级先进纺织服装产业强省。服装设计虚拟仿真表现的应用顺应了这个潮流，既能提高企业生产效率，又可以降低产能、节能减排，是服装产品智能化设计、生产及积极推动区域设计生产模式变革和效率提升的重要路径。同时，可以针对时尚化进行小批量定制，满足消费者的消费需求。目前，广东省的服装专业教育中，这部分整体上还是比较弱的一个教育模块。由于师资配置较少、学校电脑配置老化等原因导致学生在学习和应用方面进展比较缓慢，虚拟仿真技术整体应用率不高。这种培育现状与日益增长的人才需求不相匹配。

服装设计表现从20世纪到21世纪初一直聚焦在效果图的设计方面，而虚拟仿真技术却是这一现象的突破性革命。本书总结教学过程中的重点和难点，就一些常用的虚拟仿真表现进行详细的步骤分解，配合操作图片讲解，教材内容非常详细、明确。本书既可以适用于大一新生学习，也适合后续学习的进阶提升，使学习者快速入手服装设计、服装虚拟仿真表现，为后续的学习打好基础。

本书作者有多年服装设计、虚拟仿真的教学和实践经验，曾先后和深圳琥珀科技有限公司、浙江凌迪数字科技有限公司、上海信玺科技有限公司、华力服饰科技有限公司等合作进行研发合作。其指导的学生先后进入广州希音国际进出口有限公司、广东省纺织进出口集团、快尚时装（广州）有限公司等大型服装企业从事相关技术工作。这些教学和实践经验都为本书的内容提供了品质的保障。

本书是"十四五"部委级规划教材，也是广州市哲学社会科学规划课题"国潮视域下瑶族服饰元素时尚化的数字设计与传播"成果、广东省科技专项资金（"大专项+任务清单"）项目"基于3D虚拟数字化服饰设计技术的创新研究"的成果。

在本书的编写过程中，杨翠钰老师编写了第一章、第二章、第三章部分的内容，共15万字；张祥磊老师编写了第三章部分、第四章的内容，共10万字。感谢本书中提供素材和作品的师生。

由于时间仓促、学识有限，在编写过程中难免有疏漏，请大家批评、指正。

编者

2023年7月

教学内容及课时安排

章 / 课时	课程性质 / 课时	节	课程内容
第一章 （4 课时）	基础理论 （8 课时）	●	服装设计概述
		一	服装设计的基本原理
		二	服装设计的基本元素
		三	服装设计的步骤
		四	服装设计的表现
第二章 （4 课时）		●	服装虚拟仿真表现概述
		一	三维服装技术发展概述
		二	3D 服装软件系统的 2D 工具
		三	3D 服装虚拟软件系统的 3D 工具
第三章 （20 课时）	讲练结合 （32 课时）	●	3D 服装设计基础应用
		一	A 型裙的表现
		二	吊带连衣裙的表现
		三	流苏连衣裙的表现
		四	复古灯笼袖裙的表现
第四章 （6 课时）		●	3D 立体裁剪与模块化设计
		一	3D 立体裁剪
		二	模块化应用设计技巧
第五章 （6 课时）		●	3D 服装拓展应用
		一	汉服女装应用表现技巧
		二	基础款苗族服饰设计表现

注　各院校可根据自身教学特点和教学计划对课程时数进行调整。

目录

服装设计与虚拟仿真表现

第一章 服装设计概述

课题名称： 服装设计概述

课题内容： 1. 服装设计的基本原理

2. 服装设计的基本元素

3. 服装设计的步骤

4. 服装设计的表现

上课时数： 4课时

教学目的： 从服装设计的美感来源出发，掌握构成法则、形式美法则，服装设计的内容、应用和表现形式，进行相关主题设计。

教学方式： 1. 教师PPT讲解基础理论知识，根据教材内容及学生的具体情况灵活安排课程内容。

2. 加强基础理论教学，通过作业练习巩固知识点，安排阅读相关书籍及数字资源以加深理解服装设计的内容。

教学要求： 要求学生掌握服装设计的基本原理和基本元素等，熟悉服装设计的步骤，了解服装设计的表现形式。

课前（后）准备： 1. 课前及课后多阅读关于服装设计师类书籍，了解著名设计师的设计风格和特点。

2. 课后收集自己喜欢的服装设计作品，了解其设计主题构思、设计元素及设计表现。

3. 提前安装好课程所需软件。

第一节　服装设计的基本原理

日本设计理论学家川添登在《何谓设计》中根据设计的不同目的将设计分为三大领域：产品设计、视觉传达设计、空间设计。他提出："所谓设计，是指从选择材料到整个制作过程，以及作品完成和使用之前，根据预先的考虑而进行的表达意图的行为。反过来讲，只有人类心象的物质性或实体性的实现才能称为设计。"

服装设计是产品设计的一块内容，它是指在一定的设计目的指引下，运用一定的设计思维方式进行创造性的构思，运用美学原理、形式美法则将设计元素进行拆解、重构、组合、延伸等，并通过表现方式具体表现出来的一个过程。

服装设计的五个步骤如图1-1所示。

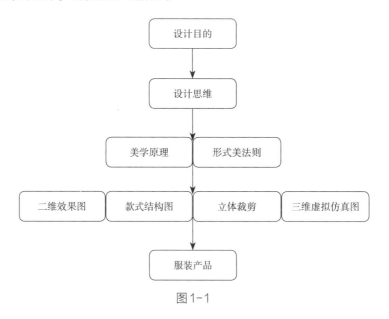

图1-1

一、构成法则

服装设计的美感来源于整体和谐之美，设计要素虽然是多方面的，但离不开具体的构成形式和美学原理。服装的几大设计元素中，主要包括款式、面料、色彩、图案、工艺等元素。在服装设计的学习中，运用构成法则进行相关主题设计、调整设计方案，是设计师进行设计的基础。

（一）点的应用

服装设计中的点主要取点的象征意义，并不是指形状方面的"圆点"的概念，指在设计作品中能够具有点的属性的元素，我们称为点元素。点的属性有以下几点：

（1）一个点的属性——视觉中心点的属性。无论是在造型中还是色彩、图案、工艺等设计中，将点作为整体中的局部，形成视觉的中心，那么这个元素就是设计中的点元素。例如，腰腹部位的服饰配件——腰带扣能够形成视觉中心点，起到聚集视线的作用。当然，一件服装可能存在多个点元素。

（2）两个点及多点的属性——具有方向感，形成视线的流动感（图1-2）。在服装中经常存在多个点元素的设计，我们观察的视线也在这些点的设计元素中来回、往返的流动，来欣赏服装作品，这就是点的流动感。设计师可以根据点元素的这个属性设计规划好服装设计中的重点表达元素，运用点的属性吸引消费者更多的视线停留。如图1-3所示的服装设计作品，裙摆上一些点元素近距离或者远距离的排列，让欣赏者的视线追随着这些元素来观察设计作品裙摆的褶皱造型，进一步突出设计特色。

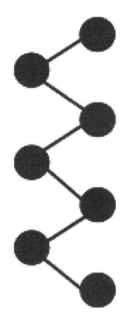

图1-2

图1-3

（3）点不同的构成形式——具有视错效果。设计元素形状相同或接近的、大小不同的、颜色深浅不同的点元素可以通过不同的构成形式，形成各种排列和组合产生各种不同的视觉效果，形成一定的空间延续（图1-4）。如图1-5所示，图案中的点元素通过大大小小的排列，形成了很强的视错的空间感。如图1-6所示，点元素的设计位置巧妙，通过

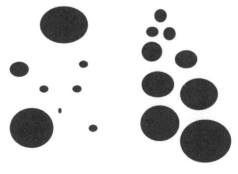

图1-4

图1-5　　　　　　　　图1-6

重点突出腰部的、胸肩部的方形饰品，引导大家观察整体服装的设计元素。

（4）服装设计元素中，纽扣往往是点元素运用的常用工具，起到点的作用。一般表现在纽扣的大小、位置、聚散、排列形状和色彩等的处理上，如图1-7所示两套的设计元素。同时，纽扣的设计组合形成了很明显的视线流动感，吸引我们的视线关注设计师重点突出的设计元素：领型、上衣门襟、口袋、裤子门襟、裤型等部位。如图1-7所示的纽扣，通过一定形状的排列，形成的视线流动，更加突出女性的线条感，如图1-8所示纽扣的位置也强化了服装的层次感。

图1-7

图1-8

图1-9

（5）配饰经常作为点元素的形式出现，吸引消费者的视线，如胸针、腰带扣、耳环等。如图1-9所示，图中腰部、领部的饰品都是典型的点元素。

（二）线的应用

在服装设计中，线和点一样，是指设计作品中的线条元素。线条主要有直线元素和曲线元素。

1. 直线

服装设计中，直线元素是一种最简洁、最单纯的元素，给人以坚强、硬朗、挺直、规则等感觉。同时，直线由于出现在不同的语境中，所产生的直观感受也不尽相同，总的来说具有以下几种特征。

（1）水平线。水平线呈现横向的、平静的、宽广的、安稳的特性。水平线设计是指在服装中运用平行于水平线的线条作为设计元素。在男装的设计中，常常在肩部、背部使用水平线的设计元素，给人宽广、威武的感觉。女装在塑造女性力量中常用的设计也是塑造肩部的水平线设计，塑造力量、干练的感觉。如图1-10所示为AKIRANANA品牌2022年早春作品中肩部的夸张设计。

（2）垂直线。垂直线呈现挺拔、上升、权威的感觉。垂直线元素也常常被称作竖线元素。在服装设计作品中，常常运用垂直线元素来塑造服装的挺拔和修长感。如图1-11所示的修身长外套，垂直线元素的门襟让服装更加修长；如图1-12所示，Trussardi竖条纹元素应用在连身裤上，视觉效果上带来显瘦和拉长身材比例的效果。

图1-10   图1-11   图1-12

（3）斜线。斜线呈现不稳定、倾倒、分离的特性，更具动感。斜线元素相对直线元素更加活泼，更富有动感和变化。斜线带来了量感上的不均衡，这种不均衡与重力一起形成了动感的倾向。比如，斜塔产生的斜线，让人感到随时倒塌的动感的倾向。如图1-13所示，女装腰臀部位斜线元素的设计，让腰部扭动的婀娜感更加强烈；如图1-14所示，斜线的领部设计打散了服装呆板的直线造型。

图 1-13

图 1-14

2. 曲线

曲线与直线相比，具有委婉、飘逸、起伏、跳跃、活泼等感觉，具有较强的飘逸感、跳跃感和律动感。如图 1-15 所示，大明青花瓷盘中的曲线具有极强的律动感，仿佛一阵风吹来便可以随风舞动。所以，在一些度假休闲运动类型的服装中，多采用曲线元素的设计来增强动感（图 1-16）。

图 1-15

图 1-16

曲线元素分为规则曲线元素和自由曲线元素。规则曲线元素包括椭圆、抛物线、双曲线等，既能增加服装的活跃感，又比较稳定，自由曲线元素相对来讲则具有更强的设计感和艺术感。如图1-17、图1-18所示，规则曲线元素的裙摆蜿蜒灵动、内敛沉浮，如图1-19、图1-20所示，自由曲线元素的裙摆自由奔放、极具设计感。

图1-17

图1-18

图1-19

图1-20

（三）面的应用

点的移动产生了线，线的转动产生了面。在服装设计中，面的元素具有一定的长度和宽度，在服装设计中存在平面和曲面两种元素的设计。

1. 平面

服装设计中，规整的平面元素呈现款式、结构方面的风格、变化，具有稳定、大方的服饰特色，但是也给人比较单一、呆板、拘谨、平淡等感觉。不规则的平面元素呈现活跃的气氛，突出造型的特色。面经常和点、面组成，相互融合在一起，各自发散出自己的魅力，构成服装设计作品中的设计元素。如图1-21所示服装中裙子的面元素的侧面形成了线条，打散了面的单一、平淡的感觉。值得注意的是，在图1-22的服装中，虽然袖子部的设计元素应用了方形的面，但是在服装的整体设计表现中，它起到的更多的是点的作用，吸引大家的视线向廓型的外端延伸。

2. 曲面

我们的人体本身就是一个大的曲面，在服装设计中，也存在很多曲面的设计元素，比如柱形面、锥形面，蛋形面等。曲面元素相比较平面元素具有更强的体积感、活跃感和造型感，让服装作品具有更多的层次感。如图1-23所示的服装设计元素，外套衣摆处曲面元素的设计，让服装的造型感更具动感和张力。

图1-21   图1-22   图1-23

（四）点线面元素组合构成作品

如图1-24、图1-25所示，服装设计的特色主要体现在直线的设计上面。如图1-26

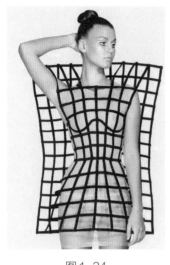

| 图1-24 | 图1-25 | 图1-26 |

所示，时装设计特色主要体现在曲线的设计上面。如图1-27所示，时装的设计特色主要体现在线和面的结合方面。

二、形式美法则

古希腊人认为：来自调和的统一是美的主要原因，只有调和的美，才是多样的统一。

19世纪，德国哲学家，实验心理学家、物理学家费希纳（Guastav Theodor Fech'nr，1801—1887）将美的形式原理作为造型上的基本原理归纳为九项：

①反复、交替；

②节奏（律动）；

③渐变；

④比例；

⑤对称；

⑥平衡；

⑦对比；

⑧调和；

⑨支配、从属。

随着设计的思维的发展，从服装设计的角度来说，目前常用的美学原理涵盖了造

图1-27

型、面料、色彩、工艺、图案等设计元素。服装色彩的科学配置、服装面料的创意组合、各造型元素的重组搭配等基本要素，依靠美学原理的相互关照，形成和谐的整体。根据服装设计的特色，美的形式原理可以概括为以下几个方面：

图1-28

（一）对称

对称是所有设计艺术中最基本的构成形式。它是指设计元素的对称轴两侧或中心点的四周，在大小、形状、颜色等设计元素上具有一一对应的关系。无论是整体对称，还是局部对称的设计，都具有稳重、简洁、威严等设计特色。如图1-28所示的宋代影青执壶，底座造型呈现局部对称设计，呈现了稳固的设计感觉，与上面的活泼的设计相得益彰。故宫建筑（图1-29）的外形对称设计也具有大气、稳定、权威的设计风格。服装设计中，由于人体的对称性，对称的设计形式具有普遍性。如图1-30所示为南宋泥金印花罗上衣，服装左右两边的款式、色彩的元素都完全轴对称，款式稳重、简洁大方，披在服装的外面，在当时颇为流行。

图1-29

图1-30

如图1-31、图1-32所示为北京定陵出土的明万历双龙凤冠和明万历金丝翼善冠，从颜色、款式、工艺方面都是对称形式，完美地表现了中华民族的美学思想。如图1-33、图1-34所示为清代红色绸绣金双喜碟纹单擎衣和清光绪年间月白色纳纱金凤牡丹单衬衣，运用了局部对称的设计手法，端庄、典雅又不失活泼，展现了丰富多彩的美学特色。

服装设计与虚拟仿真表现

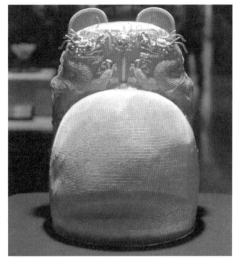

图1-31   图1-32

图1-33   图1-34

（二）对比

　　服装设计中的两种或两种以上的设计元素，或者材质、或者款式、或者色彩或者工艺等，为了突出其中的一种或者多种设计元素的特色，可以采用对比的设计手法。例如，白色面料和黑色面料在颜色方面形成对比，可以突出白色的干净，或者突出黑色的沉稳。对于服装设计来讲，对比的运用主要表现为款式对比、色彩对比、材质对比。

1. 款式对比

服装款式的上装和下装、局部和整体、局部和局部的长短变化、松紧变化、凹凸变化等，可呈现成强烈的、别致的美感。

如图1–35所示的服装，款式形成较大的视觉落差，服装的里外层次感更加突出。如图1–36所示，服装肩部庞大的廓型与紧身的腿部形成鲜明的轮廓对比，霸气、力量感更加衬托了女性的能量。

2. 色彩对比

在服装色彩元素的设计组合中，利用色相、明度、纯度的变化和色彩的形态、面积、位置形成对比关系。如图1–37所示的这套服装，白黑分明，让整体的服装色彩效果更加干脆。

图1–35   图1–36   图1–37

3. 材质对比

服装的对材质的对比，如硬挺与柔软、透与不透、粗犷与细腻、褶皱和平整等，使各自材质的个性特征更加突出，产生对比强烈的视觉效果。尤其是一些特殊的面料，如薄纱类材质，在设计中容易出现灰蒙蒙的效果。为了呈现出薄、透的效果，一般都会和不透的材质做对比（图1–38）。如图1–39、图1–40所示，同类色或者邻近色的服装中，也通常采用材质的对比去丰富作品的设计效果。如图1–41所示的服装设计作品中组合了两种风格迥异的材质，柔软和硬朗风格相搭配，让设计作品更具个性，也是被设计师青睐的设计手段。

图1-38　　　　　　图1-39　　　　　　图1-40　　　　　　图1-41

（三）节奏

　　服装设计中的节奏与韵律是服装美感的重要因素，是空间上的节奏表现。以点、线、面元素的构成形式，在服装中色彩、款式中表现出来。通过设计元素有规律的变化，形成韵律感。如褶皱的重复出现，纽扣或装饰点的聚散变化，色彩强弱、明暗的层次规律，款式轮廓、结构的变化等。

　　如图1-42所示，腰臀部的褶皱，从腰部开始，先聚集后发散开到裙摆。如图1-43所示的服装，则是设计元素从小到大渐变的舒缓节奏。如图1-44所示，服装的节奏设计主要通过色彩和款式搭配组合的变化体现，款式为多层裙摆从小到大的设计，颜色方面则为由淡色到浓郁。

图1-42　　　　　　　　图1-43　　　　　　　　图1-44

图1-45

在服装设计的节奏中，除了以上介绍的这些有规律的节奏变化，在整体的款式造型方面，也存在不规律的节奏感。如图1-45所示的服装作品中，款式造型从胸部到大腿部位，再到夸张的大裙摆，节奏经历了弱、强、弱；这件服装的色彩方面也有另外的节奏，从腰臀部到裙摆部经历了强弱强的节奏，款式和色彩的节奏统一在这件服装作品中，让设计感更加丰富多彩，吸人眼球。

（四）比例

服装设计中的比例是指服装的整体与局部、局部与局部之间，通过款式、色彩、材质、工艺等的面积、长度、轻重等所产生的让人舒适的设计元素之间的比例关系。比例关系主要体现在以下几个方面：

1. 服装整体款式与人体的比例

服装设计中，款式与人体所形成的比例关系主要体现在服装的维度、宽度、长度等和身体本身的比例，一般称为宽松、合体、紧身、夸张局部的关系。如图1-46所示的服装，服装整体比较宽松，肩部比例明显比人体宽大，我们可以称为整体宽松、夸张肩部的比例关系。

2. 服装各部分造型的比例

服装设计中，存在很多部位的比例设计。例如，上衣的比例分割，常用的有按照长度均等的1：1：1的比例，也有1：2的比例等。如图1-47所示，服装上衣的层叠造型，采用了长度1.5：1：1的比例关系。

3. 服装色彩的比例

在服装设计色彩配置中，主要表现在：设计的色彩在面积上的比例关系，整体色彩与局部色彩，局部色彩与局部色彩之间，在大小、位置、排列、组合等方面形成主次色、辅助色的比例关系。

如图1-48所示的服装主要色彩是桃粉色，组合搭配黑色，

图1-46

图1-47

两种颜色都比较重，组合了一个中间色——粉红色。这三种颜色构成了服装色彩的搭配比例。

4. 服装材质的比例

在服装设计材质组合中，通常也是设计作品中比较重要的设计元素。如图1-49所示的外套，皮草和其他面料的纵向比例接近1：1，既通过皮草强调了服装的廓型，又和其他面料相互融合，中和皮草霸气的感觉。

图1-48 　　　　　　　　　图1-49

（五）夸张

服装设计中通过夸张的手法，来突出、扩大局部的设计特征，具有强调效果的表达设计效果。一般来说，夸张更多地应用在款式方面的设计。如图1-50所示的由服装设计师郭培在2018春夏高定系列作品，服装肩部根据主题运用了夸张的设计手法，充分体现了设计师的想象力与创造力。如图1-51所示的服装作品则夸张裙摆设计，强调表现了设计作品的张力，突出了材质和工艺的表现力。

（六）均衡

服装设计中，由于元素众多，容易造成局面混乱的结果，为了整体设计舒适感，往往在视觉上寻求量感的平衡，这种设计手法称为均衡。均衡一般通过服装设计的几大要素体现，通过调节款式、色彩、工艺等，达到设计画面的舒适感。如图1-52所示，领部、肩部夸张设计和裙摆的设计形成均衡感，减弱由于领部、肩部的夸张造成的偏重感。如图1-53所示，不对称裙摆产生不平衡的力量，裙摆处的绣花从颜色、工艺方面均衡了这个力量，让设计作品达到量感上的舒适。

图1-50

图 1-51

图 1-52

图 1-53

第二节　服装设计的基本元素

　　如何在服装设计中传达设计师的设计理念？如何传递设计时尚理念和时尚态度？这就需要设计师通过服装设计的基本元素来表现传达。

　　服装设计的基本元素主要包括款式、色彩（图案）、面料、工艺等内容，这是服装设计的四大要素。

一、款式的设计

　　服装的款式设计包括服装的外部轮廓和服装的局部细节设计。外部轮廓指服装的外部整体轮廓。服装的整体印象首先是由外轮廓确定。

1. 外轮廓

　　服装设计的外部轮廓型式多变，变化丰富。在服装设计发展史中，著名服装设计大师迪奥一生都在追求服装外形的变化，20世纪40年代到50年代被称为"迪奥时代""形的时代""字母形时代"。在此期间，迪奥先生先后推出了新样式、Z字形样式、翼形、托龙普·鲁依幼样式、垂直线形、椭圆形、郁金香形、圆屋顶形、直线外形、A形、Y形、箭形、磁石形、纺锤形等外部轮廓造型。如图 1-54 所示为著名的新样式，也被称为新风貌，新风貌的出现标志着"像战争中的女军服一样的加垫肩的男性外形时代结束了"。迪奥称新样式为"卡罗拉·拉印"（花冠形），因其外形酷似阿拉伯数字8，所以也称为8字形。实际上，新样式是一种复古元素的样式，是西欧服装发展中反复出现的突出胸、腰、臀的女性曲线美廓型的现代版本。如图1-55所示为迪奥推出的椭圆形样式，服装廓型摆脱了对人体的束缚，设计重点在肩、袖子部位造型的塑造，线条整体宽松流畅。

图1-54

2. 局部细节

服装设计的局部细节设计是外轮廓以内的各个部件的设计，如领部、袖山部、袖口部、胸部、腰部、裙摆、口袋等部位的设计，还有衣身上的分割线、省道装饰线等的结构设计，褶皱、带子、花边等的装饰元素。服装局部细节设计和外轮廓设计相辅相成。如图1-56所示领部设计采用了结领的基本形式，运用夸张手法来塑造了领部的蝴蝶结造型。如图1-57所示，半敞喇叭袖在喇叭袖的基础上设计了开缝和蝴蝶结的设计细节，让服装更加耐人寻味。

图1-55

图1-56

图1-57

二、色彩的设计

服装设计元素中的色彩元素指服装系列、服装各部分之间的色彩搭配，表现在色彩的色相、纯度、明度等。其中，图案元素的色彩也包含在设计的整体色彩中，所以一般情况下将它归到色彩中。色彩是服装设计中的显著视觉元素，不同的色彩配置会带给人不同的视觉和心理感受，从而使人产生不同的联想和美感。皮尔·卡丹说："我创作时，最重色彩，因为色彩很远就能被人看到，其次才是式样。"如图1-58所示的服装作品，色彩主调为黑色和深蓝色，组合了宝石蓝和草绿色。如图1-59所示的这组服装设计作品中，图案的颜色融合到服装系列的色彩搭配中，成为服装色彩搭配的一部分。

图1-58

图1-59

三、材质的设计

服装面料是服装设计的载体，任何服装都是通过对面料的应用、制作、改造等工艺处理，实现设计想法。服装设计要取得良好的效果，必须充分发挥面料的性能和特色，使面料特点与服装款式、色彩、工艺等相得益彰。在服装设计中，服装的面料除了注重各种面料自己的特色，如香云纱面料的挺括、针织面料的自由塑性、铜氨丝面料的悬垂感等，还要注重各种面料之间的相互搭配，塑造不一样的设计感觉。如图1-60所示，该系列服装图案中的颜色和下摆的颜色为类似色搭配，这种情况下进行不同面料的设计组合，极大地丰富了设计作品的肌理感。如图1-61所示，纱支面料搭配硬朗的皮质面料，为服装增加了一丝硬朗、干练的设计感。

图1-60

图1-61

四、工艺的设计

服装工艺是指服装从设计到制作的缝制工艺，也指服装面料特殊处理工艺设计。如缝纫方法、熨烫技巧、面料的印染工艺、刺绣、压褶等。如图1-62所示，采用装饰线压明线的工艺设计，使服装线条具有更明显的立体感。随着制造工艺的发展，服装造型也越来越丰富。例如，目前流行的3D服装打印工艺，可以制作出更加复杂的服装造型和结构，这可以让设计师更加自由地发挥想象力，创造出更加独特和个性化的服装设计产品。如图1-63所示为华南农业大学学生徐振杰的设计作品，采用了3D服装打印，服装造型更加丰富，解决了传统工艺的难点，呈现出新的时尚趋势。

图1-62

图1-63

第三节 服装设计的步骤

一、制作主题板/灵感板

主题板/灵感板是展开服装设计的前提。服装设计首先需要确定此次设计的主要元素，主要灵感思维，包括服装设计的全面因素，可以激发灵感的设计思维，如色彩、图片、面料、款式、工艺等所有在后续的设计中用到的元素，主题板/灵感板中具体的视觉元素可以更加清晰地表达主题，按特定的主题表达品牌的设计理念和风格，有助于下一步设计工作的展开。例如，主题板/灵感板的内容，比较感性、清晰地展示出设计师设计的作品风格和元素。

值得注意的是，主题板/灵感板并没有固定的格式，具有形式多样化的特点，每个品牌、公司、设计师可能都有自己特殊的内容偏向，但大体内容都保持一致，目的都是有利于设计工作展开。

如图1-64～图1-67所示为华南农业大学服装设计课程伍宝怡同学的练习作业，从灵感来源、色彩提取说明、流行趋势、面料参考及工艺细节这几个方面展开设计，其中设计元素（色彩、面料、工艺、流行趋势等）的收集为后续服装产品设计的具体形态提供参考。

图1-64

色彩提取说明

灵感来源于苗族刺绣蜡染，结合2022ss流行色彩趋势，主色调以海洋蓝为主，呼应苗族有机靛蓝，非常适合可持续与传统设计；黄油黄光明温暖，令人舒适亲切；橄榄油绿更为深沉，能抚平焦躁情绪带来的和谐之美。

图1-65

流行趋势

款式是宽松舒适的斗篷、风衣和西服的结合，商务休闲主题正在涌现新意，西服设计随着生活方式的改变而演变，斗篷具有实验功能性与未来感。宽松职业装风潮下，整体造型极为关键，融入解构分割创造新意。中性风是未来的发展趋势，经典且宽松的裙装成为男性着装。印花图案以国潮图案为主，演绎传统而摩登的风格。

图1-66

面料参考及工艺细节

2022秋冬注重通勤出行和居家办公的转换，所以面料更加注重防护性实用性和场景切换功能。具有防护功能的考究外层设计可适用于轻便外套或西装。内衬则用纹理衬衫面料，舒适、清爽、透气。男装款式变化少，更加注重细节，增加领口与袖口的装饰性褶皱。当然，少不了印花装饰，增加服装趣味性，或结合苗族特色打籽绣传承传统工艺，新旧工艺的交融焕发视觉魅力。

图1-67

二、确定设计元素

在确定主题板/灵感板以后，需要将主题/灵感进行转化，或者是图案转化，或者是款式转化、色彩转化等。将前期板中比较模糊的创意、文化、思绪等转换为具体的设计元素。如图1-68所示为伍宝怡同学的设计作品，图中确定主要设计元素为蛇、花、太阳、蝴蝶等作为设计元素。

元素提取及图案设计说明

苗族非常注重传承，在苗族人心中，盘瓠既是苗族的远古首领，又是日神，还会祭祀日神。太阳孕育万物枫木树便在其中。过去，在《苗族古歌》中《十二个蛋》的歌曲里，黔东南苗族人民将蝴蝶看成始祖。歌词叙述：蝴蝶从枫木树中心孕育出来，长大以后同水泡"游方"生下了十二个蛋，由蛋中孵化出龙、虎、水牛、蛇、蜈蚣、雷公等。并且两汪苗族对蛇的敬畏和崇拜，主要反映在他们的日常生活中，仍保留许多与蛇有关的禁忌和祭祀活动。苗族妇女在刺绣中运用植物纹样的作品不在少数，但是，她们很多人并没有见过真正的实物。在图案设计中采取"相生循环"的手法讲述苗族的神话故事。

图 1-68

三、完成设计构思

在完成主题/灵感转化的同时，继续将设计构思具体化、清晰化，明确细部结构组成，完成服装设计。此时，完成的设计图和设计款式结构图可以用于后续的纸样设计、制作设计工作。伍宝怡同学的系列设计作品（图1-69），将前期确定的设计元素转换为

图 1-69

具体的设计图稿，蛇、花、太阳等组合的纹样，以图案为主要元素延伸为服装设计效果图（图1-70）、款式结构图（图1-71～图1-73）等，为后续的生产制作提供详细的参考。如图1-74～图1-85所示为华南农业大学李锋博同学的设计主题板/灵感板和设计图稿。

图1-70

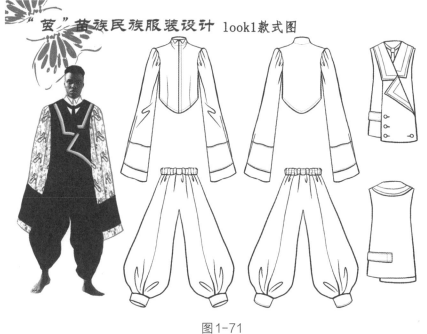

图1-71

"茧"苗族民族服装设计 look2款式图

图1-72

"茧"苗族民族服装设计 look3款式图

图1-73

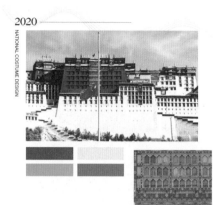

01.

灵感背景/
设计说明

此次的系列设计灵感来源于我特别向往地区的民族——藏族。早先时候自己非常向往西藏,一开始在网络途径中感受到其有一种原始的狂野和纯粹,深入了解后,则知晓他们具有深厚的文化底蕴,信仰、文字、宗教、民族历史等都成就了他们的这份深厚和纯粹。设计中用到了经过提取转化的藏族图案元素,借鉴了原住民的日常穿着等服饰结构,与现代风格相结合,进行设计。

图1-74

02.

灵感来源/图案转化

灵感来源于藏族的女财神扎吉拉姆,扎吉拉姆为一怒相女神,皮肤黑色,眉头紧皱,怒目圆睁,有蓝色上眼睑和金黄色的眼珠。眼眶和面颊用金色描出怒纹,嘴大张,露出四颗獠牙,血红色的舌头吐至下颌处,头戴骷髅冠,长着一对鸡足,身体其余部分被锦缎衣裳、宝石首饰及哈达所包裹,胸前佩戴银色镶宝石的大护心镜,镜面上有命根字。头顶上方有孔雀翎毛制成的华盖。扎吉拉姆喜欢的供品是酒,因此其面前永远有饮之不尽的贡品酒。

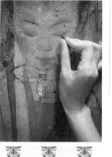

图1-75

第一章 服装设计概述

03.

服饰特点/灵感造型

藏族服装以藏袍最为常见。城镇居民喜欢用高级毛料制作藏袍，农区用氆氇，牧区用毛皮。藏族服装主要是传统藏服，特点是长袖、宽腰、大襟。妇女冬穿长袖长袍，夏着无袖长袍，内穿各种颜色与花纹的衬衣，腰前系一块彩色花纹的围裙。

灵感提取：
提取牧民在感到热时脱掉一只袖子的穿衣风俗，内搭一些花纹衬衣的习惯以及会在腰部系一些腰带固定的穿法，这种风俗是处于高原地区藏民族独有的穿衣风格。结合一些现代化的服装造型去做整合设计。

图 1-76

04.

色彩提取/

此次的色彩灵感来源于布达拉宫和川藏地区的色达，经过提取和调整后产生暖色系的颜色搭配，两个亮色，一个中等灰度颜色作为主色，加上一个重色点缀，使整体关联性加强。

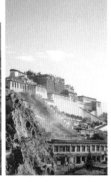

图 1-77

05.

服饰特点/灵感提取

藏族地区少部分人穿皮鞋或印度皮做
的靴子外，其他大多数人穿自产皮的
靴子和毛呢、氆氇革的藏式靴子、贴
里草靴、皮革靴，围细氆氇和一般氆
氇上刺绣的围裙，系用丝线和羊毛织
成的裙带。冬夏戴粗面子做的帽子。
此次主要灵感提取的是藏靴的特色，
采用缝绣搭配有趣的图案，撞色配色，
增添整体的趣味性。

VEOLIA ○ >>>

VEOLIA ● >>>

图 1-78

06.

时尚演绎/

该系列图片图为2016年《时尚芭莎》十
月刊"藏风吹"主题摄影，模特杜鹃演绎
了藏地的服装浓厚的民族风情和韵味。

VEOLIA ● >>>

图 1-79

第一章 服装设计概述

07.

潮流趋势／
灵感提取

经过资料的收集和分析，得出趋势的
分析。
整体风格上，复古中性风、科技感成为
主流，千禧大势回归。

解除色彩代码：
粉蜡色调不再是女性专属，在男装中同
样适用；同时，橄榄色、沙色、工装蓝
色等传统男装色彩，成为女性中性色盘
的核心色彩。

女性商务：
经典绅士风格注入日常/通勤女装造型。
男装感的套装和衬衫款式成为女士基础
单品。

实用主义：
随着现代消费者对体验性需求的增长，
强调功能性、以实用主义为设计理念的
复古造型为设计师提供灵感。

千禧运动风：
唤醒时代记忆的运动项目、标识标语和
学院风主题，结合华丽面料和多彩色
盘，更新休闲和街装服饰。

VEOLIA ● >>>

201717280309李骥博

图 1-80

08.

风格趋向／

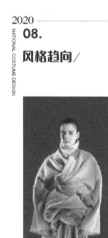

VEOLIA ○ >>>

VEOLIA ● >>>

201717280309李骥博

图 1-81

图 1-82

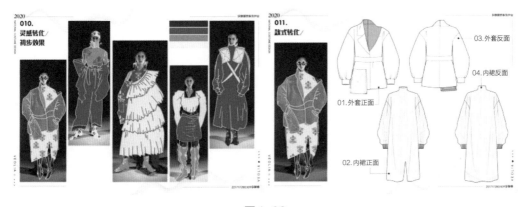

图 1-83

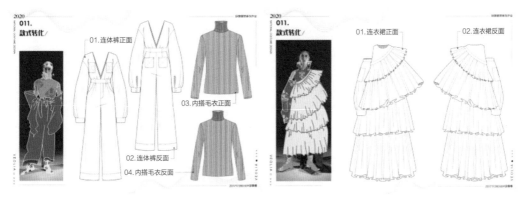

图 1-84

图1-85

■ 第四节　服装设计的表现

一、二维设计表现

　　二维设计表现包括服装设计效果图、服装款式结构图，通常用手绘或者借助服装计算机软件辅助设计（Computer Aided Design，CAD）来表现。服装效果图是设计师围绕设计创意展开并进行表现的一种偏艺术风格的表现手法，更多地表现穿着者的穿着状态和穿着氛围，塑造穿着者的穿着形象。效果图不追求画面视觉的完整性，而是抓住时装的特征进行描绘。

　　自1970年CAD技术被引入服装行业后，传统的二维服装CAD在服装设计表现中逐渐成熟，实现了服装的款式设计、结构设计、推档排料、工艺管理等一系列流程的计算机化，在企业和高校中广泛应用，改变了传统的手工制图及生产方式，缩短了服装的生产周期。目前，国外现有的服装二维CAD制板系统比较著名的有：美国格柏、法国力克、西班牙艾维、德国艾斯特、美国PGM；国内主要有：深圳ET、航天、富怡、布易、至尊宝纺、日升天辰等。很多国内外的CAD软件都具有最基本的款式设计、纸样绘制、放码以及排料等核心功能。但是，传统的二维服装CAD对成衣穿着效果的展现较差，尤其是在服装立体化方面有所欠缺。

　　服装款式结构图要求服装款式、结构、工艺、装饰等服装设计的要素表达得清晰、明确，也可以以简练的文字辅助说明以及附上面料小样。服装款式结构图常用彩色、单色两种表现手法表现服装设计。服装款式结构图是设计师与制板、缝纫等工作沟通的语言，为进一步进行工业生产做好基础和归纳整理。如图1-86所示为华南农业大学罗炜莹同学的设计效果图中，设计思路、款式及色彩的设计特色比较清晰，但是服装

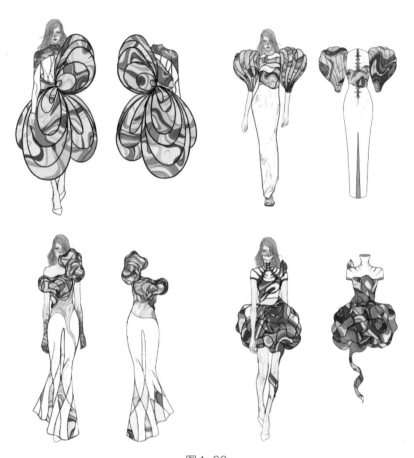

图1-86

设计在款式结构和面料方面缺少细节，需要辅助款式结构图说明。

　　服装设计二维效果图一定要与服装画区别开来。服装画（Fashion Illustration）也称为时装画、时装插画、服装插画等。早期的服装画是用来给设计师或者订制店做广告宣传用的，常以海报或杂志插页的方式出现。现在的服装画风格更加多样化，并不注重时装的细节，而是注重其艺术性，强调艺术形式对主题的渲染作用，依靠时装艺术的感染力去与受众交流，一般情况下不具备将图中的服装进行工业生产的基础。

二、三维虚拟仿真效果图

　　随着科技的不断发展，三维虚拟仿真效果图在服装设计中越来越广泛地应用，正在成为服装设计的重要表现方式。尤其随着计算机软硬件技术的不断进步，消费者购买产品的手段开始呈现多元化的方向，各种媒体销售已经成为服装产品销售的重要战场，三维虚拟仿真效果图就是这个战场的重要手段。三维虚拟仿真效果图可以通过计算机对设计的服装进行各种运动的姿态操作，可以快速调整服装设计的各种设计要素，

大大提高了服装设计的效率。三维服装CAD能够弥补二维设计表现平面化的缺点，加快企业设计和生产进程，提高用户体验和客户满意度，是服装设计表现的新手段。

同时，传统的二维服装效果图完成后要进行样衣制作和修改样衣的工作，效果图和样衣之间存在还原度的比例问题，而虚拟仿真技术可以模拟面料的质感、弹性等特征，帮助设计师快速制作出真实度较高的服装试衣模型，最终提高设计效率。通过电脑模拟真实的试衣效果，确保设计效果符合要求，而不必反复制板试衣，从而缩短了设计周期。如图1-87所示的3D虚拟仿真效果图（广东轻工职业技术学院，莫秋群、简晓茵设计作品），服装设计的面料效果、款式效果、穿着效果都非常真实地表现在人物模特上，通过调整尺寸和数据可以满足设计的效果需求，然后直接打印纸样用于工业生产。如图1-88所示为广东轻工职业技术学院学生团队设计作品，3D虚拟仿真效果图模拟了绣片的质感、光感、厚度等，使设计效果表现更加具有层次性。

图1-87 图1-88

服装设计与虚拟仿真表现

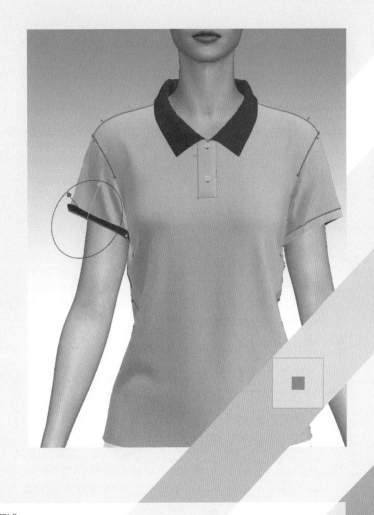

第二章 服装虚拟仿真表现概述

课题名称： 服装虚拟仿真表现概述

课题内容： 1. 三维服装技术发展概述

2. 3D 服装软件系统的 2D 工具

3. 3D 服装虚拟软件系统的 3D 工具

上课时数： 4 课时

教学目的： 了解服装三维虚拟的应用和市场需求，理解三维服装建模方法，掌握 3D 服装设计软件各种工具使用。

教学方式： 1. 教师 PPT 讲解、电脑示范 3D 服装设计软件的各类工具的操作方法。

2. 学生操作练习，通过作业练习巩固知识点，以及数字教学资源以加深理解软件工具的使用方法。

教学要求： 要求学生掌握服装三维软件工具的使用方法，熟悉服装三维服装的建模流程，了解服装虚拟的业内发展状况。

课前（后）准备： 1. 课前通过阅读网站，了解三维服装技术的发展下现状和企业技术需求。

2. 课后收集自己喜欢的服装三维数字作品，了解其风格特点、技能要点。

3. 提前安装好课程所需软件。

第一节　三维服装技术发展概述

随着计算机软硬件技术的不断进步，三维服装虚拟仿真表现技术集合了三维人体测量和体型分析、三维人体建模、服装虚拟设计和3D服装转2D纸样等全过程，能够给消费者一个全方位的设计效果和设计形象，满足他们对服装产品的购买需求。同时，服装虚拟仿真能够提高企业生产效率，节省时间和财力，这也是近年来服装设计方面普遍关注和研究的重点。

一、三维人体测量

三维人体测量是利用三维人体测量系统对人体进行全身扫描后获取全身数据的功能，是进行三维虚拟设计和虚拟试衣、量身定做等必不可少的环节。相对于传统的人体测量方法，三维人体测量速度快，数据精准、全面，可分为接触式自动测量和非接触式自动测量两种。

1. 接触式自动测量

接触式自动测量一般在测量标准人台时使用率较高，人台不同部位型值点的疏密可以反映人台曲面率的大小。在测量时，所使用的工具是三坐标测量仪，可以直接接触人台测量，获得人台表面的型值点，再根据型值点的疏密和数量判断人台的曲面率。该方法一般用于标准人台的测量，不适合测量真实人体。

2. 非接触式自动测量

非接触式自动测量不同于接触式自动测量，主要用来测量真实的人体数据。非接触式自动测量相对于接触式自动测量，所使用的仪器更加精密复杂，因此，测量方法可以分为多种类型。在非接触式三维人体自动测量中，使用的光源有两类，一类是系统自主提供的光源，另一类是外界的光源。按照光源的来源可以将非接触式自动测量分为主动式测量和被动式测量两大类。在主动式测量方法中，系统自动向被测对象发射光束，然后对被测对象进行多角度的拍照分析，根据成像结果，在系统中生成三维人体模型，通过对模型数据的分析，得出被测对象的全身数据，这是使用最广泛、最方便的一种测量方法，很受企业欢迎。另外，在主动式三维人体测量中，可使用的光线种类较多，如激光、红外线和普通光等。相对于主动式测量，被动式测量系统没有自己的照明系统，需要外界提供光源，然后对被测对象进行多角度的拍摄，根据拍摄结果得出测量数据。虽然三维人体扫描系统具有简单、快速、准确的优点，但价格昂贵、测量要求在暗室中进行、设备不便于移动等缺点，也导致其在实际生产中应用性不高。

二、三维人体建模

三维人体建模是在三维人体扫描后，利用建模软件建立三维人体的虚拟模型，可以根据顾客或者厂家的要求实时修改模型各部位数据，得到不同体型的模型，为私人定制等服务提供了技术支持。同时，建立虚拟模型也是展示服装必不可少的一个环节，是整个三维虚拟服装系统操作的基础。三维人体建模按照建模方法的不同可分为四种类型：三维线框建模、三维实体建模、三维曲面建模和基于物理的三维建模。

1. 三维线框建模

三维线框建模使用的技术原理简单且易操作，是最早开始使用的建模方法，利用最简单的点、直线、参数化曲线等，对人体的整体轮廓进行模拟，模拟过程快捷简单，因为模拟时使用的数据少、包含的信息有限等，可以对模型进行快速修改。但是，三维线框建模由于模型数据量有限，不能很好地分析加工模型的剖面图、明暗色彩图等。

2. 三维实体建模

相对于只有外部线框的三维线框建模，三维实体建模在线框的基础上结合了对内部实心的表达，可以对所建成的模型进行剖面的分析描述，也可以展现比三维线框模型更多的模型数据。但由于模型更加复杂、计算效率更低，在模拟更复杂的人体表面时，仍存在一定的限制。

3. 三维曲面建模

三维曲面建模是目前最常用的一种人体建模方法，不仅可以很好地模拟人体体表形态，还可以对模拟的人体进行隐藏线消除等操作，大大提高了所建模型的真实感。但是曲面建模不能分析剖面图，这是曲面建模亟须弥补的缺陷。

4. 基于物理的三维建模

基于物理的三维建模建立在传统建模方法之上，此方法将人体所处的外部环境因素引入传统的几何建模方法中，可以获得更真实的人体建模效果。但是，这种方法采用微分方程组数值求解的方法计算人体的动态，与其他人体建模方法相比，在计算上要复杂得多。

三、三维服装虚拟模拟技术

在三维虚拟中，虚拟展示是关键技术。服装虚拟模拟技术是将设计好的二维服装纸样在三维虚拟人体上进行缝合、填充面料材质后再展示三维服装。服装模拟技术可以模拟服装的面料、色泽、在不同动态下的褶皱以及不同的穿着场合等。将设计好的二维衣片自动缝合模拟三维成衣效果，这一过程的关键是三维服装模型的建立。

目前，服装建模方法主要有几何建模、物理建模和混合建模三大类。这三种建模方法都有优缺点。其中，几何建模在模拟面料的质感时，效果有待提高，但是服装的整体外观形态可以很好地模拟出来。物理建模虽然在运算过程中速度较慢，但能很好地模拟面料质感。混合建模结合了几何建模、物理建模的优点，织物面料的质感模拟效果较好，且模拟用时较短，是目前使用最多的方法。

国内外已经研发了几款比较成熟的三维服装展示软件，如美国GERBER的V-stitcher，可以根据用户的要求调节三维人体尺寸，并提供响应2D变化的实时3D图像，可通过互联网平台远程查看。韩国设计的Clo3D、Marvelous Designer拥有强大的拆线功能，可以实现自由曲线绘制与三维立体裁剪同步互动，而且在修改二维纸样的同时，三维服装设计界面也会产生相应的改变。

三维服装模拟技术涉及纹理理论、动力学模型等多个高技术领域，虽然模拟服装的真实感有待提高，但是在很大程度上弥补了二维服装CAD存在的设计结果直观性差、缺乏立体感、穿着效果不明显的缺点。

四、三维服装样板

三维服装和二维纸样之间的转换是服装数字化的关键问题，也是难点之一。三维服装转二维纸样运用了多种技术手段，比较通用的有网格平面法、几何展开法、中心点法等。在网格平面法中，用四边形的网格面对服装曲面进行模拟，并用四边形来代替相应的服装区域，衣片边界则用B样条函数来拟合，该方法一般应用于复杂曲面，如半球面的模拟。几何展开法，顾名思义，是将人体表面用简单的几何图形来模拟，然后将模拟效果近似地展开成平面。中心点法主要适用于简单曲面，如圆锥曲面等的模拟。

目前，比较成熟的三维样板生成系统比较多，如加拿大PAD公司生产的三维服装系统，包括服装制板、二维服装样板放码、三维虚拟试衣等基础模块，可有效地在二维平面纸样和三维立体服装间实现互换功能。

三维服装虚拟系统在图形、图像处理技术方面涉及光照理论、色彩理论、纹理理论、动力学模型等高技术领域，很多技术还停留在理论阶段，因此，建立的人体模型不理想、服装模拟真实感差、二维纸样和三维服装之间的转换难度大。同时，软件之间样板文件的兼容性有待进一步加强，样板文件的互不兼容影响了各企业间的资源共享和技术交流。另外，盲目购买软件、后期维护成本高、服装企业相关技术人员数量少等因素，导致服装企业对三维服装技术存在很大顾虑。因此，我国需要培养大量的服装三维虚拟技术人员，增加专业技术人员的数量并提升技术水平，开发并完善符合国内使用规范的相关软件，这是我国服装行业亟待解决的问题。虽然三维虚拟服装有许多关键性的技术难题需要解决，但其在便捷性、直观性、真实感等方面的优势，足以说明三维设计的确是服装设计技术的发展方向，这一技术的成熟将会给服装产业及相关领域带来一场重大革命。

第二节 3D服装软件系统的2D工具

一、调整样板工具组

调整样板工具组如图2-1所示。

图2-1

1. 调整样板工具 ▊（快捷键：A）

通过调整样板工具，能够移动、缩放、旋转需要修改的样板。

（1）选择样板功能：用该工具当光标悬停在样板上时，纸样线段将变成蓝色，单击时样板将被高亮显示为黄色，如图2-2所示。如果需要选择多个样板，按住Shift键同时点击所有需要选择的样板。运用快捷键"Ctrl+A"，或在2D窗口中点击并拖动鼠标，以框选所有需要选择的样板（图2-3）。

图2-2

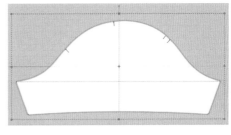

图2-3

（2）移动样板：点击并拖动需要移动的样板，或者使用键盘上的方向键进行移动。当移动样板同时按住Shift键，可以将样板沿着水平、垂直、45°对角线移动。

当移动样板时，单击右键或按键盘上的F1键，可以输入具体数值进行精确移动，如图2-4、图2-5所示。

（3）调整样板：选择需要调整的样板，会出现九个控制点，点击并拖动选框上的控制点，样板将被放大或缩小。拖动四个角控制点拉伸样板则是等比例变化；拖动上下左右单边控制点样板则会变形。双击激活中心控制点，拖动周边八个控制点，可以以中心为圆心做同心圆比例变化。当移动样板时，单击右键或按键盘上的F1键，可以输入具体数值或比例进行精确放大缩小（图2-6、图2-7）。

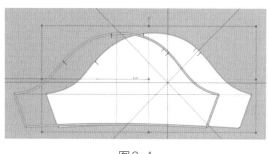

图2-4

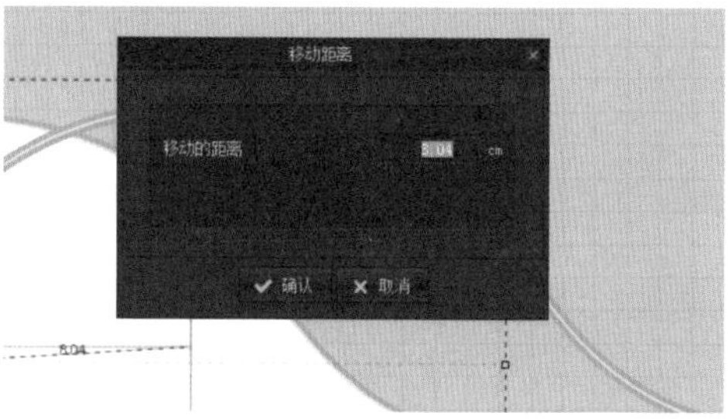

图2-5

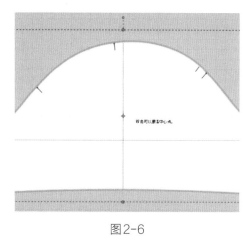

图2-6

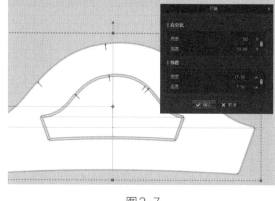

图2-7

（4）旋转样板：选择需要调整的样板，样板最上端会出现旋转控制图标 ，拖动鼠标左键，左右移动即可达到样板旋转功能。松开左键之前，单击鼠标右键或按键盘上的F1键，可以输入具体数值进行精确角度旋转。当未激活板片中心的中心控制点时（以白色显示），样板将基于中心进行旋转，双击激活中心控制点（以红色显示），可以任意移动中心控制点，达到以任意位置为圆心旋转样板功能（图2-8）。

选择需要调整的样板右键，点击旋转命令，可以进行常用45°、90°旋转以及X/Y/自定义轴的常用旋转（图2-9）。

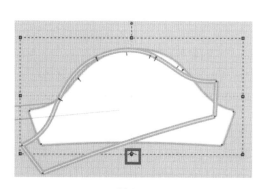

图2-8

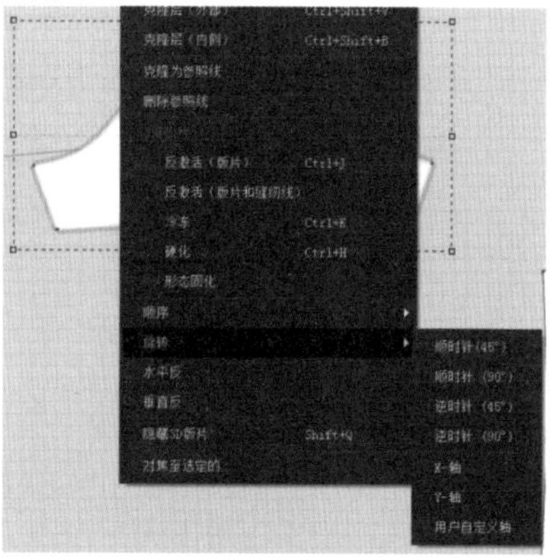

图2-9

2. 编辑样板工具 ▇（快捷键：Z）

通过编辑样板工具，可以移动点或线修改样板或内部图形和基础线图形。

（1）选择功能：点击样板边或内部图形上的点或线，点或线将被选中。同时按住Shift键，可以选择多条线或多个点。或者在2D窗口中点击并拖动鼠标，以框选所有需要选择的点或线，在选框内的所有点及线将被选中（图2-10）。

当点击样板曲线线段时，曲线两个端点会显示控制曲度的控制线，拖动控制线可以圆顺调整曲线曲度。当有多条线段或点重叠在一起时，将会弹出菜单，以选择需要的点或线（图2-11）。

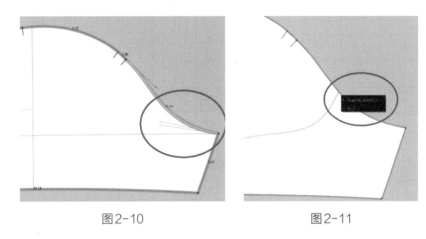

图2-10　　　　　　　　　　　　图2-11

（2）移动功能：点击并拖动点/线或使用键盘方向键。同时按住Shift键或Ctrl键，被移动点/线将沿水平、垂直、对角线或其原有斜率进行移动。或者在移动线/点时点击鼠标右键或按下F1键，以输入数值进行精确移动，可以输入移动的距离，也可以设置具体移动的水平/垂直量数值（图2-12）。

（3）编辑点/线工具 ▇：该工具隐藏在编辑样板工具 ▇ 下面，点击该工具在2D板片窗口双击鼠标左键，然后拖动鼠标选择框的点将在鼠标双击点出现，随着鼠标拖动形成一条线。在样板附近点击鼠标来创建多边形套索选区。再次点击套索起始点来完成多边形套索，被套索选中的对应项目将以黄色高亮表示（图2-13）。

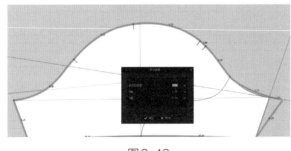

图2-12

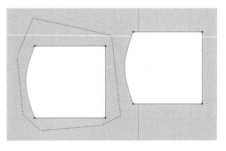

图2-13

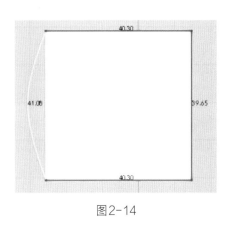

图2-14

3. 编辑圆弧工具 ■（快捷键：C）

通过样板直线边拖动到所需形状来创建曲线，可以通过快捷键"Ctrl+Z"显示样板线段长度，调整到所需要的长度，选择只能依次一段或分段点之间进行（图2-14）。

4. 编辑曲线点工具 ■（快捷键：V）

通过单击点或选择在线上的位置来编辑现有或添加曲线点。使用该工具在没有曲线点的段单击，就会出现调整点并拖动到相应位置，如果松开鼠标左键前单击右键，可以弹出对话框精确调整位置。

右键单击片段点，可以删除控制点以改变曲线形状，也可以用该工具将点自由曲线点和直线点转换，达到接角圆顺或尖锐的效果（图2-15）。

运用该工具在黑色端点上右击，转换为自由曲线，可以将两条断开的线段连接成一条线（图2-16）。

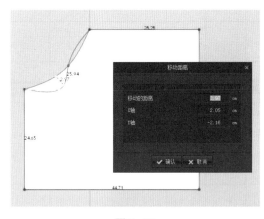

图2-15

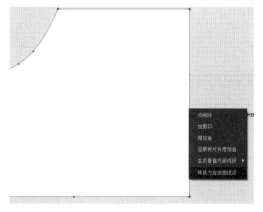

图2-16

5. 加点/分线工具 ■（快捷键：X）

通过该工具，可以在线段上添加点，以达到分割线段的功能。单击线段以自由添加点和分割线。右键单击线段，会跳出对话框，可以输入具体的距离或比例添加点，对话框中线段1和线段2的确定方式由单击位置决定，线段1会显示为黄色，线段2会显示为蓝色，根据颜色和比例输入相应数字（图2-17）。

用该工具可以对线段等分，右击一段线段，在跳出对话框中输入线段数量数字，起到均分线段的功能（图2-18）。

注意：加点工具添加的点是端点，用黑色表示，起到线段分割作用。编辑曲线工具在曲线上添加的点是自由曲线点，用红色表示，用来控制曲线形状，不起到线段分割功能。

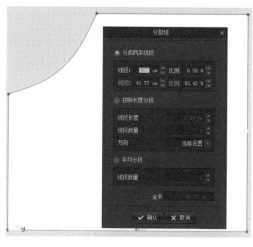

图 2-17

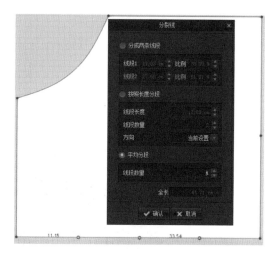

图 2-18

6. 剪口工具

用该工具停留在样板的外边线上，在所需位置上创建纸样刀口。点击左键会出现红色点，点击生成刀口。右键单击线段，会跳出对话框，可以输入具体的距离或比例添加点，对话框中线段 1 和线段 2 的确定方式由单击位置决定，线段 1 会显示为黄色，线段 2 会显示为蓝色，根据颜色和比例输入相应数字（图 2-19）。

用剪口工具点击或框选已经做好剪口，可以在属性编辑器设置刀口形状、角度，还有是否翻转成外置刀口等属性（图 2-20）。

用剪口工具点击或框选已经做好剪口，按 Delete 键可以删除刀口。

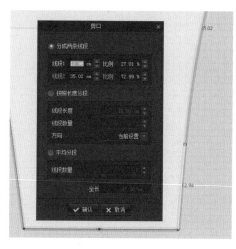

图 2-19

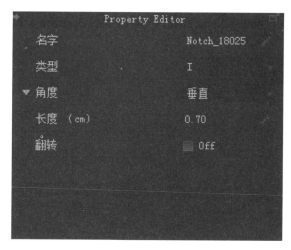

图 2-20

7. 生成圆顺曲线工具

单击样板并拖动角点创建圆顺曲线，常用样板下摆圆顺，也可点右键输入角两端线段长度和弯曲率达到同样效果，如图2-21所示。

圆顺曲线工具也可以作领口曲线，点击要开领口的线段领口宽和领口深A、B两点，再单击要去掉的AC、BC两条边，最后拖动AB斜线拉成所需的弧线，最后形成需要领口曲线（图2-22～图2-24）。

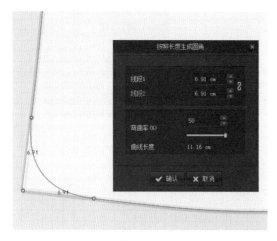

图2-21

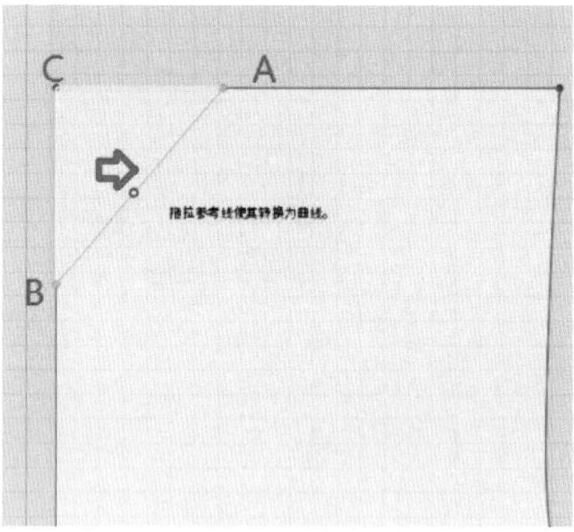

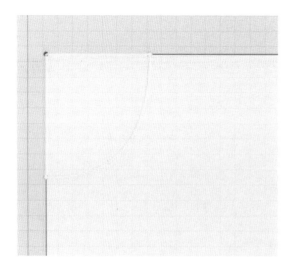

图2-23

图2-22

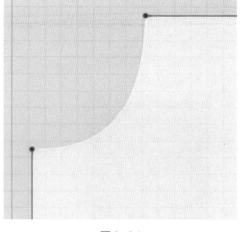

图2-24

8. 延展样板（点）/延展样板（线段）工具 ▓/▓

在特定点延展样板或选中样板内的线段来均匀分布特定范围，常用裙、袖片切展或上下级领的切展。

（1）延展样板（点）工具 ▓：点击样板外线创建延展线的起始点，再点击样板外线上的另一点完成划分线，或左键选择样板内部线/参考线，样板将依据划分线划分，带有箭头的一侧将展开。选择侧面，然后将光标移至样板所要旋转的方向，点击右键可以弹出对话框，设计延展的角度和距离进行精确切展。输入正数是扩大样板边缘，输入负数是缩短样板边缘（图2-25、图2-26）。

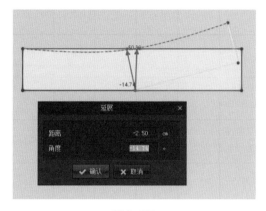 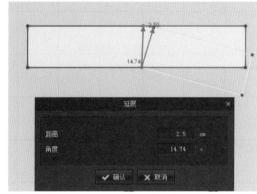

图2-25　　　　　　　　　　　　　　　　图2-26

双击内部线，可以将划分线在两侧展开样板，合并样板时可以预览样板的形状，并且轮廓被平滑化为圆顺的曲线。

（2）延展样板（线段）工具▧：点击样板外线创建参考线的起始点，再点击样板外线上的另一点以完成划分线，系统弹出延展板片设置窗口，配置方向和长度，然后单击"确定"，样板将根据所输入的值平均展开，切展方向可以向一边，也可以两边都切展，切展量固定的和切展段两条边均可设置切展，适合各种泡泡袖制作（图2-27）。

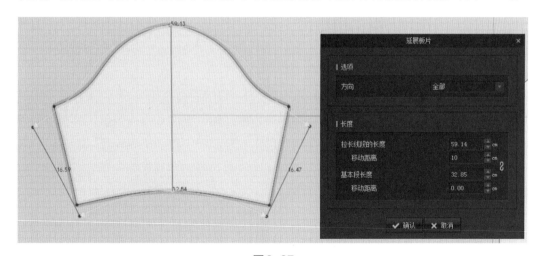

图2-27

二、创建样板工具组

创建样板工具组，如图2-28所示。

图2-28

1. 多边形工具 ■（快捷键：H）

用该工具可以绘制自由形状，在2D窗口单击起始点，连续点击绘制直线，回到起始点，双击鼠标左键，形成闭合样板。按住Ctrl键并单击，致使线弯曲或产生曲线点，释放Ctrl键，则继续绘制直线。绘制过程中，按住Shift键，点击激活智能向导，可以绘制垂直、水平、45°角分线线段（图2-29、图2-30）。

按Delete键或者Backspace键，可以从最后绘制的点顺序删除，按Esc键则全部删除。

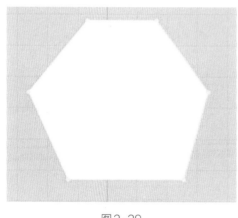

图2-29

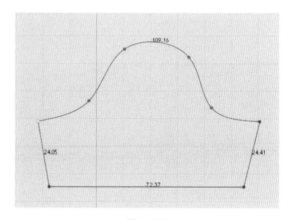

图2-30

2. 长方形工具 ■（快捷键：S）

创建矩形样板，在2D窗口中单击弹出对话框，输入宽度和高度数值，绘制矩形样板，或在2D窗口中单击并拖动自由绘制矩形。在绘制时，按住Shift键可以制作正方形样板；同时按住快捷键"Ctrl+Shift"，可以绘制以起始点向四周扩展的正方形样板，如图2-31、图2-32所示。

3. 圆形工具 ■（快捷键：E）

创建椭圆或正圆形样板，在2D窗口中单击一次，输入直径、半径和圆周生产样板，在对话框中输入间距、角度和数量，可以一次生成多个圆形样板；或在二维窗口中单击并拖动，自由绘制圆形样板。在绘制时按住Shift键以将椭圆约束为正圆形比例，同时按住快捷键"Ctrl+Shift"，可以绘制以起始点向四周扩展的正圆形样板，如图2-33、图2-34所示。

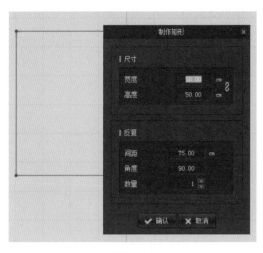

图2-31

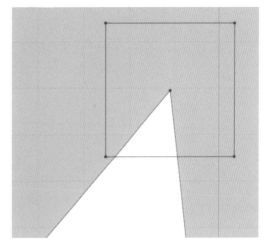

图2-32

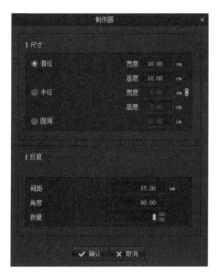

图2-33

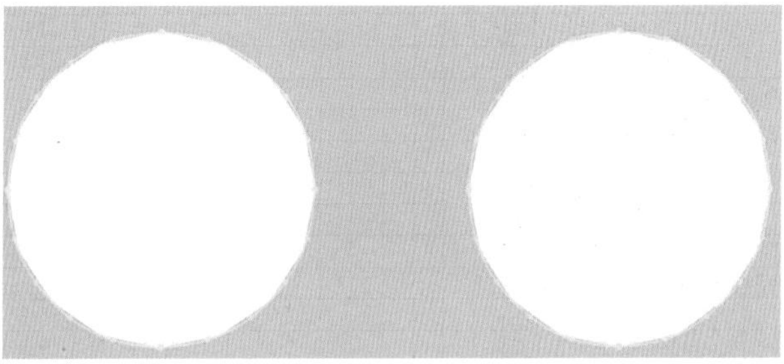

图2-34

4. 创建内部形状工具

内部形状工具完全作为样板工具工作，但这些工具只能在一个样板中使用，并且这些样板与其他样板用红线区分开。单击并拖动自由手绘，或单击2D界面，输入精确数值，绘制内部形状，内部形状可以辅助样板的褶皱线、省道绘制、扣位、口袋缝制等功能。

5. 内部多边形/线工具 ■（快捷键：G）

在样板中绘制单条线或多边形，绘制完成线用暗红色显示。使用方法同绘制多边形工具 ■，如图2-35、图2-36所示。

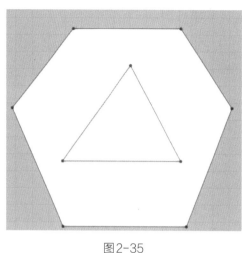
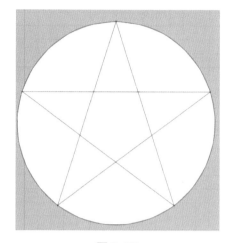

图2-35　　　　　　　　　　　　　　　图2-36

6. 内部长方形工具 ▣

在样板内部创建正方形和矩形，绘制完成线用暗红色显示。使用方法同绘制长方形工具 ▣，可以根据提示找到外部图形中心点，按住Shift键，保持等比例制作正方形内部图形，按快捷键"Ctrl+Shift"，绘制与外部样板中心对齐的内部矩形，如图2-37 ~ 图2-39所示。

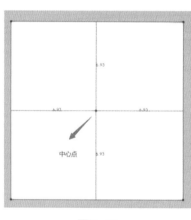
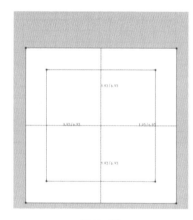

图2-37　　　　　　　　　　图2-38　　　　　　　　　　图2-39

7. 内部圆形工具 ◉（快捷键：R）

在样板内创建椭圆，绘制完成线用暗红色显示。使用方法同绘制圆形工具 ●，可以根据提示找到外部图形中心点，按住Shift键保持等比例制作内部图形，按住快捷键"Ctrl+Shift"，绘制与外部样板中心对齐的内部圆形，如图2-40、图2-41所示。

8. 创建省道工具 ▼

快速创建省道，单击该工具并拖动自由创建省道形状，也可以在样板内部单击一次输入特定的数值，然后用线段或自由缝纫工具缝合省道，省道完成后，可以用省道

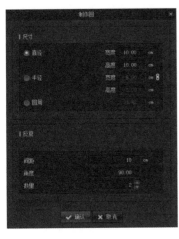

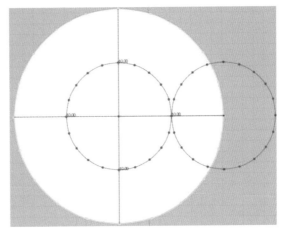

图2-40   图2-41

工具移动和改变大小，也可以复制粘贴多个相同省道，如图2-42~图2-44所示。

注意：软件中省道与真实省道是有区别的，软件中为了快速缝合，省道是做成挖空处理的效果，实际样板省道是做倒缝或劈缝折叠处理。

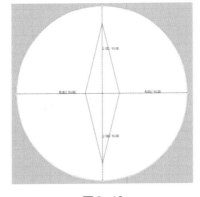

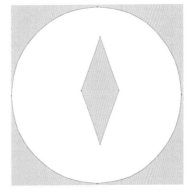

图2-42   图2-43   图2-44

9. 绘制基础线工具

绘制基础线工具包括多边形基础线、矩形基础线、圆形基础线、省基础线四个工具，使用方法同绘制内部线工具。

导入其他服装CAD样板，样板内部的线用基础线表示，以蓝色显示。从CLO5.2版本开始可以在样板内部绘制基础线。内部形状线用暗红色表示，可以用样板编辑工具做折叠，挖空等处理。基础线只要解除 基础线锁定时，才能够被编辑。基础线不会影响样板内部粒子形状，而内部形状线会影响样板内部粒子构成，内部形状线和基础线可以相互转化，如图2-45所示。

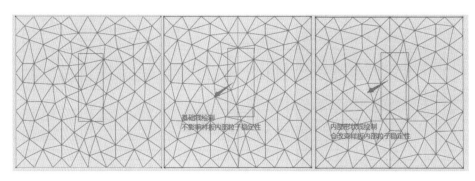

图2-45

10. 勾勒轮廓工具 ■（快捷键：I）

将基线勾勒为内部线条或形状样板。样板基线在2D窗口中显示为紫色线。若要将基线更改为内部线，使用勾勒轮廓工具 ■ 选择基线，按住Shift键可以多选，然后右击"勾勒为内部图形"或"勾勒为样板"或选择基线并按Enter键，就会形成相应的内部图形或者样板，如图2-46、图2-47所示。

也可以将纸样用内部图形工具修改后，再用勾勒轮廓工具拾取为相应的样板，起到服装CAD拾取纸样的功能。

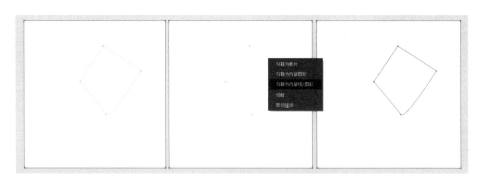

图2-46

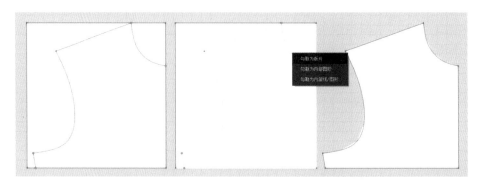

图2-47

三、缝纫工具组

缝纫工具组如图2-48所示。

图2-48

CLO软件通过使用缝纫工具，生成缝纫线连接裁片纸样，缝纫线将同时出现在2D和3D窗口，通过将不同样板缝合起来，才能在3D窗口中形成服装并加以模拟。

1. 缝纫编辑工具 ▣（快捷键：B）

通过该工具选择和编辑缝纫线的长度和位置，单击时对应缝合样板的两条缝纫线会用相同颜色表示，并会显示相应长度和方向，用该工具拖动一条缝纫端点，可以改变缝纫长度，也可以按住左键拖动缝纫端点的同时单击右键，屏幕跳出对话框，输入精确改变量，如图2-49所示。

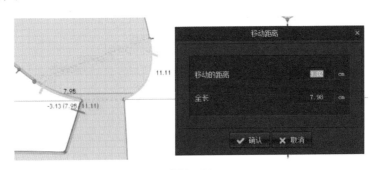

图2-49

当样板缝纫线缝反了，会造成样板扭曲，可以用该工具右键单击缝纫线并选择反向缝纫，或使用快捷键"Ctrl+B"进行调整，如图2-50所示。

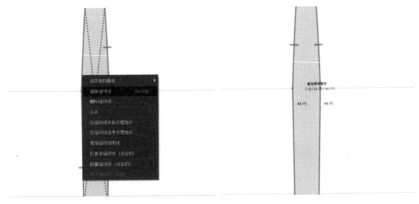

图2-50

系统允许同一条样板边有两条重复的缝纫线，点击时会提示选择哪一条，但系统不支持同一位置缝两次。左键选择缝纫线可以进行删除，也可以按Delete键，如图2-51所示。

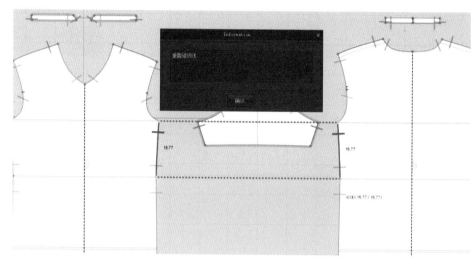

图2-51

2. 线段缝纫 ■（快捷键：N）

（1）从端点到端点连接两个线段。选择该工具悬停在需要操作的线段上，并观看预览缝纫线的出现，单击以建立缝纫线的第一部分，鼠标左键再匹配另一段线段的缝纫方向标记缺口，然后单击完成，如图2-52所示。

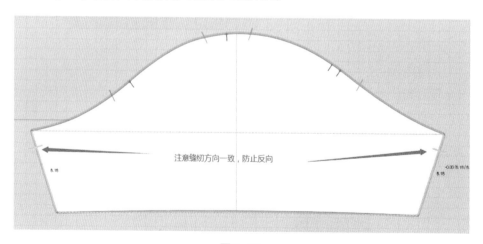

图2-52

（2）1∶N线段缝纫。将一条线与多条线缝合，常用与腰头、裤子、裙片缝合。用该工具单击第一条线，按住Shift键单击与之对应的多条线段，软件会自动分配缝合比例，如图2-53所示。

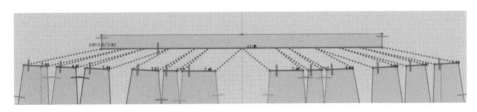

图2-53

3. 自由缝纫工具 ▇（快捷键：M）

该工具能够自由建立缝纫的起点和终点。单击缝纫线的起点，拖动鼠标到所需的方向，然后再次点击结束第一条缝纫线，点击第二条缝纫线的开始，拖动鼠标到所需的方向，系统会在第二条线自动添加一个蓝色的点，作为指引显示相同缝纫长度，点击该点，完成缝纫。在第二条线右键单击鼠标，弹出对话框，输入设定量，则可以根据实际情况增加缝纫所需"吃量"，如图2-54所示。

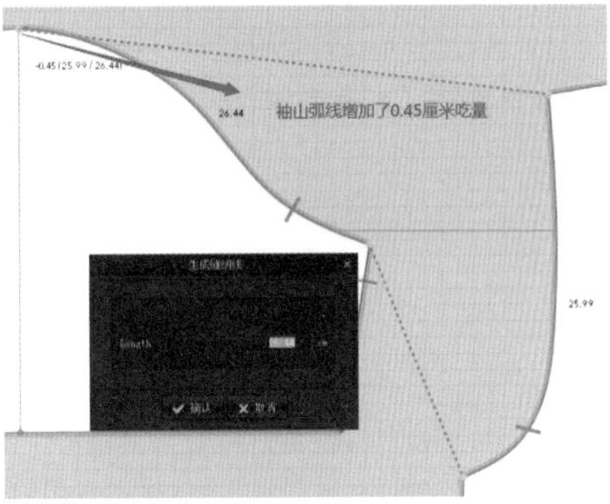

图2-54

1：N自由缝纫，将一条线与多条线缝合，方法同1：N线段缝纫工具。

4. M：N线段、自由缝纫工具 ▇▇ ▇▇

M：N线段、自由缝纫工具将一个或多个部件缝合到一个或多个连接片上，这有助于将两片袖套缝到整个袖窿上。从2D工具栏工具中单击鼠标，按住线段或自由缝纫工具，以访问M：N选项，单击开始缝纫，用光标跟随线段，然后单击结束缝纫。在制作第一条（或M缝纫线）线后，重复该操作，选择下一条线，直到选中全部想要缝纫的M线段，然后按Enter键完成M组。重复上述步骤来制作第二（或N个缝纫）组，并再次按Enter键，完成缝纫，如图2-55所示。

M：N按Enter键缝纫完成，高亮发光颜色应变为正常缝纫颜色。

图2-55

5. 检查缝纫线工具 ▇

该工具检查缝纫线长度差值。通过检查缝纫线长度差值，可以避免在穿衣过程中的一些错误，以改进服装。如果缝合在一起的缝纫线长度差超过5mm以上，会以红色粗线的形式显示出来，如图2-56所示。

图2-56

四、归拔工具 ■

归拔工具能像使用蒸汽熨斗一样收缩或拉伸面料。通过对话框调整收缩率、收缩尺寸及渐变范围，调整范围见表2-1。在样板中拖动出蓝色区域，颜色范围越深，效果越明显，如图2-57、图2-58所示。

表2-1　调整范围

收缩率	设置收缩率
尺寸	设置归拔大小
渐变	设置归拔的渐变率

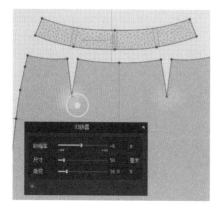

图2-57

图2-58

如果需要删除归拔，用该工具在从选定图案中单击鼠标右键，选择移除熨烫或移除所有熨烫。

五、粘衬条工具

用该工具在模拟中加强裁片边缘的承受力，并保持其形状。选择粘衬条工具，在属性编辑器中设置胶带的材质和宽度后，鼠标点击并框选多条线，可同时添加粘衬条，带衬条的样板线条会有橙色的高亮，如图2-59~图2-62所示。

图2-59

Fusible (Common)常见衬.zfab
Fusible (Lapel)翻领衬.zfab
Fusible (Nonwoven)布衬.zfab
Fusible (Nonwoven_Small Parts)布衬硬.zfab
Reinforcement (Pocket Bone)超强的硬衬.zfab
Reinforcement (Under Collar)超强的领衬.zfab

图2-60

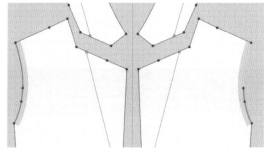

图2-61

图2-62

删除衬条，右键单击需要操作的线段，删除接缝衬条。使用垂直视图切换工具栏显示可以显示、隐藏3D窗口中的衬条。

六、折叠缝纫线

该功能主要包括调整缝纫线的折叠强度和折叠角度等，单击编辑缝纫线工具 ，选择需要更改折叠角度的缝纫线。点击缝纫线Property Editor（属性编辑器）设置折叠角度，折叠角度值的范围为0°~360°调整。180°为展平的角度，折叠角度越接近0°，样板正面越突出，反之，越接近360°，样板越向背面凹。

折叠强度，可以调整折叠强度值设置强度，范围为0~100，折叠强度值越高，折叠的角度越接近于设定值。当缝纫夹克及衬里时，由于缝纫线折叠角度及折叠强度问题，缝合线部位会鼓出来，将折叠强度调整为0后，鼓出来的部分就会变平。折叠角度只能在缝纫线Custom angle模式下设置，当缝纫线设置为Turned模式时，折叠角度和折叠强度无法设置，如图2-63、图2-64所示。

图2-63

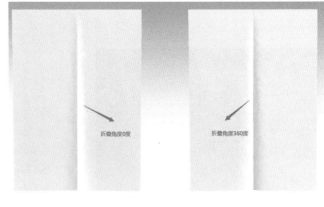

图2-64

七、生产准备、工业样板工具

生产准备、工业样板工具如图2-65所示。

图2-65

1. 缝份工具

缝份工具功能是给样板增加止口、缝份，用该工具点选单独的线段或者框选样板，生成缝份。要调整缝份大小，在"属性编辑器"中输入数值以更改宽度大小。在缝份"属性编辑器"中可以定制两个段与接缝余量的角交叉点，可以设置斜接角、斜角、镜像角等。要更改角交叉点，使用缝份工具选择点或段，并在属性编辑器中更改交叉点缝合样式，如图2-66所示。

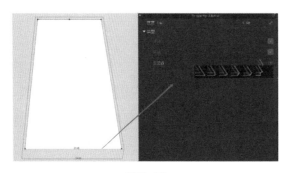

图2-66

2. 比较样板长度工具

通过临时对齐，比较不同样板上

两段线段的长度，常用于袖片和袖窿拼接检查，并可以设置对位剪口。

用该工具单击移动样板外线的一个点或线，移动鼠标会出现一个箭头符号。单击与之对位的另一个样板的对应点或对应线，移动鼠标时第一个样板将以预览图的形式沿着第二个样板外线移动行走，按Enter键完成，样板会回到初始位置，如图2-67、图2-68所示。

在样板行走的过程中，右键单击以添加一个剪口至单个或两个样板（固定/活动），在移动样板时，单击鼠标右键将样板可以移动到交叉位置。

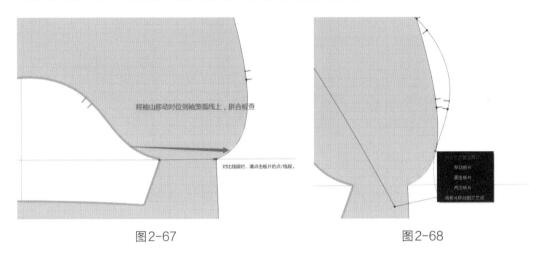

图2-67   图2-68

3. 测量点工具

创建测量尺测量2D样板/内部图形/贴图等特定部分的长度。

（1）在2D窗口或样板上左键单击，开始创建测量尺。在样板上双击终点后完成测量尺的创建，测量的数值将被创建并被添加到物体窗口POM（测量尺）中。

（2）测量尺也可以在多个样板中测量，在第一个样板单击第一个点开始测量，在最后一个样板中双击终点后，一组测量尺将被创建并被添加到物体窗口POM（测量尺）中。连接两个样板的线（在两样板之外的线）的长度不会包括在测量中。

（3）按住Shift键，可以作垂直、水平和45°角方向上的测量。在创建测量尺时右键单击，以手动输入移动的距离。在创建测量尺的过程中若要取消，在键盘上按下Esc键或快捷键"Ctrl+Z"，如图2-69所示。

4. 编辑测量点工具

移动或删除POM（测量尺），点击要编辑的POM（测量尺）上的一点或一整段，点和线段将被选中，当多个测量点重叠时，会出现一个弹出菜单。拖动POM（测量尺）移动到所需位置，如图2-70所示。

若要删除一个POM（测量尺），右键单击POM（测量尺）上的一点或一整段，选择"删除"选项或按下键盘上的Delete键，被选中的点/线段将被删除，如图2-71所示。

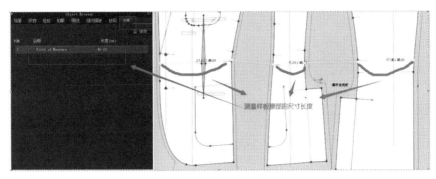

图2-69

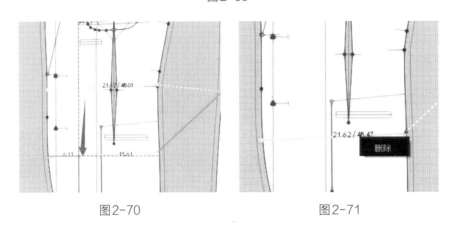

图2-70   图2-71

5. 样板标注工具

为样板创建文本注释。在需要注释的样板上点击并拖拉，将会显示文本框。通过键盘输入所需的注释，然后点击样板或在键盘上按快捷键"Ctrl+Enter"，2D样板注释完成。

6. 编辑注释工具

该工具可以移动/删除2D样板标注。单击并拖动2D样板标注，将其移动到所需的位置。在单击注释的中心点后，将其拖向注释应旋转的方向，标注将被旋转，如图2-72所示。

用该工具右键单击2D样板标注将出现一个弹出菜单，从弹出菜单中选择删除，所选的2D样板标注将被删除，如图2-73所示。

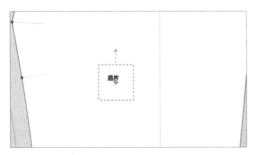

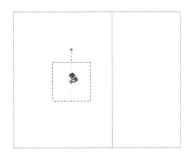

图2-72   图2-73

7. 样板标志工具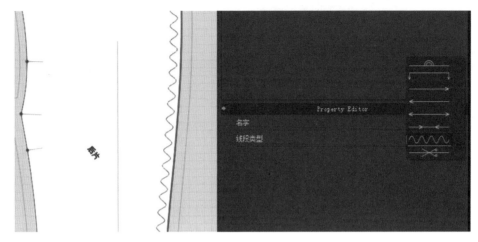

创建纸样必要的制图符号，选择样板标志工具，然后单击需要标志的线段，再从"属性编辑器"中选取相应符号。右键单击该线段，可以删除符号，如图2-74所示。

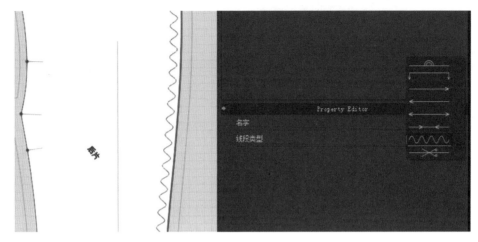

图2-74

8. 放码工具

（1）创建一个尺码组，在开始放码之前创建一个放码尺码表。单击对象浏览器中的放码选项卡，单击添加图标"+"来添加尺码表，连续点击"+"图标，添加更多的尺码到组。通过双击大小名称和编辑内容，重命名单个尺码，如图2-75所示。

（2）设置基础码，一旦完成尺码表，选择要设置基础码的尺寸，选择尺码旁边的复选框，将其分配为基础码。为基础码分配裁片，选择放码工具并选定所有裁片，然后单击"对象浏览器"中的"分配到所选板片"按钮，如图2-76所示。

图2-75

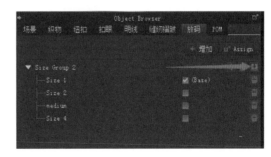

图2-76

（3）应用放码，选择放码工具并选择放码点。单独编辑一个点的放码规则，或通过按住Shift键来选择多个点，为多个点编辑放码规则。一旦选择了该点，属性编辑器中就会出现放码规则。根据基础码或与先前尺寸的偏移距离来调整放码距离。输入一个正的值，向上或向右移动一个点。输入一个负值，将一个点向下或向左移动，如

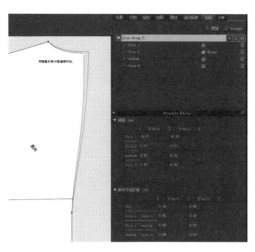

图2-77

图2-77所示。

9. 自动放码

根据CLO自带虚拟模特的尺寸，自动将导入样板放大缩小尺寸，放码尺寸调整见表2-2。在调整虚拟模特尺寸后，为虚拟模特穿上3D服装，将粒子间距设置为20mm，以获得最佳效果。点击"自动放码"工具，出现自动放码窗口，根据需要调整以下选项并点击"OK"，3D服装将在虚拟模特尺寸自动调整大小，如图2-78所示。

表2-2　放码尺寸调整

保持样板曲率/%		配置样板曲率的修改范围，该值越高，在调整样板大小时受曲率的影响越小。另外，值越低，样板的曲率和尺寸将被修改
保持贴图尺寸	ON	贴图维持原尺寸
	OFF	贴图尺寸将根据样板尺寸而调整

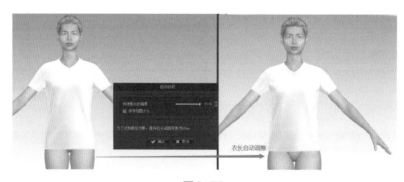

图2-78

八、明线工具组

明线工具组如图2-79所示。

图2-79

明线是服装缝制重要装饰线，软件中提供丰富的设置，在对象浏览器（Object

Browser）中选择明线，则属性编辑器会显示如下设置，具体说明如图2-80所示。

打开现有明线预设类型文件（.SST）或保存当前属性为（.SST）文件

双击以更改名称

从下拉菜单中选择Obj或纹理

明线与边缘线距离和明线数量（1~5条）

从下拉菜单预选：自定义、套结、扣眼、锁边、珠针、单线、锯齿装饰

从下拉菜单中选择长度（SPI）或输入自定义值

从下拉菜单中选择或输入自定义明线偏移量

从下拉菜单中选择或输入线迹粗细并选择单位

使用强调方块或文件上传来创建自定义纹理、法线贴图

选择明线的颜色和透明度

改变线类型和控制粗糙度和反射强度

从下拉菜单中选择明线内外面选择明线的数量

图2-80

1. 线段明线 ▇（快捷键：K）

将明线拼接应用到一段线上面（从一点到另一点），用该工具单击要应用拼接的片段一次，并在Property Editor（属性编辑器）中设置明线属性，如图2-81所示。

注意：OBJ明线在激活模拟时，将会暂时消失；但是当停止模拟后，将会重新出现。

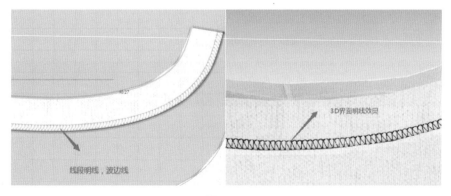

图2-81

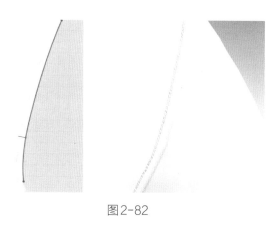

图2-82

2. 自由明线 ▨（快捷键：L）

绕过分割点并创建连续的明线，用该工具点击一个点开始（高亮显示），然后再次点击结束线，并在属性编辑器中设置明线属性，如图2-82所示。

3. 缝纫明线 ▨（快捷键：；）

该工具用于在一个接缝上或沿两个接缝处应用明线。它的功能是根据已有的缝纫线添加明线，所以可以绕过线段点并创建一个连续的明线，比线段明线和自由明线更加快速设置缝纫线上要压制的明线，如图2-83所示。

4. 编辑明线 ▨（快捷键：J）

该工具用于移动明线点或段端。选择编辑明线工具，然后选择明线的环形端点并单击拖拽来移动它。需要删除，选择不再需要的明线，右击弹出菜单并按"删除"或按Delete键，如图2-84所示。

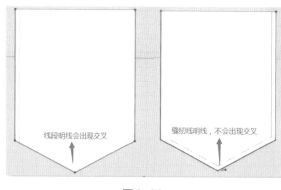

图2-83

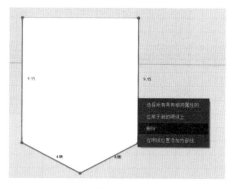

图2-84

九、缝纫褶皱工具组

缝纫褶皱工具组如图2-85所示。

图2-85

通过在缝纫接缝处设置系统设定的纹理褶皱贴图，增强模拟真实感，如图2-86所示。

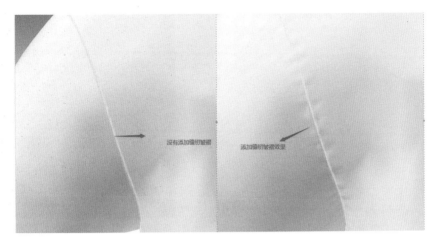

图2-86

1. 编辑缝纫褶皱工具 ▦

编辑缝纫褶皱线段的位置和长度，使用该工具在已经生成缝纫褶皱上单击并拖动，来改变它的位置。为了调整缝纫褶皱的长度，点击缝纫褶皱两端点中的一点，并拖动调整至需要的长度，选中的缝纫褶皱将被调整。

2. 线段缝纫褶皱工具 ▦

样板外轮廓、内部线段上均可以生成线段缝纫褶皱，用该工具点击需要添加褶皱的线段，对应的线段上缝纫褶皱将会生成，可以在3D服装窗口中查看生成的缝纫褶皱效果。

也可以在2D窗口中点击并拖动鼠标，框选所有需要生成缝纫褶皱的缝纫线，缝纫褶皱将被应用于所有选定的线段上。

3. 自由缝纫褶皱工具 ▦

沿着样板轮廓线和样板内部线自由地创造缝纫线褶皱。用该工具点击线段的起点至终点以创建缝纫线褶皱，被选中的线上将创建出缝纫线褶皱。在3D服装上可以检查缝纫线褶皱。

在2D窗口上单击拖动鼠标，将所想要的样板轮廓线都框选进去，这样可以一次在多行上创建缝纫线褶皱。

4. 缝合线缝纫褶皱工具 ▦

该工具可以在样板缝纫线上生成缝纫褶皱。用该工具点击缝纫线，对应的缝纫线上会生成缝纫褶皱，如图2-87所示。

在2D窗口中点击鼠标并拖动鼠标，框选所有需要生成缝纫褶皱的缝纫线，缝纫褶皱将被应用于所有选定的线段上。

选中缝纫褶皱后，根据Property Editor中的缝纫褶皱的类型可以设置缝纫褶皱在一侧缝纫线上出现或两条缝纫线上都出现，如图2-88所示。

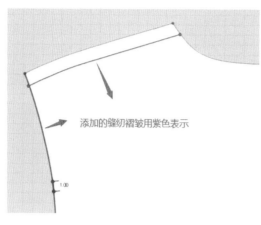

添加的缝纫褶皱用紫色表示

图2-87 图2-88

十、褶裥工具组

褶裥工具组如图2-89所示。

图2-89

1. 手工缝制褶裥

服装中经常用褶裥进行装饰，增强服装的立体感、层次感。常规的褶裥制作方法主要通过对样板内部线的折叠角度处理，从而形成凸凹感，并用两次对称缝制方法形成，如图2-90~图2-93所示。

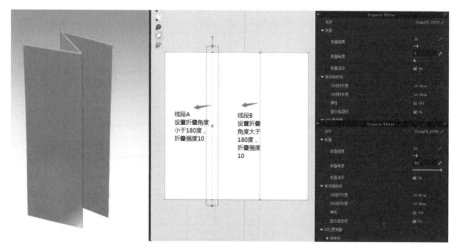

线段A 设置折叠角度 小于180度 折叠强度10

线段B 设置折叠角度大于180度，折叠强度10

图2-90

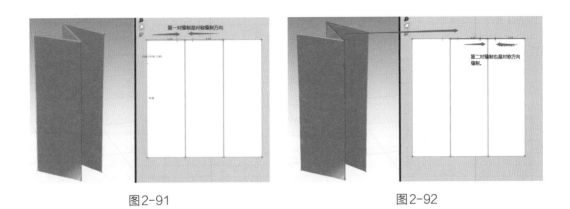

图2-91   图2-92

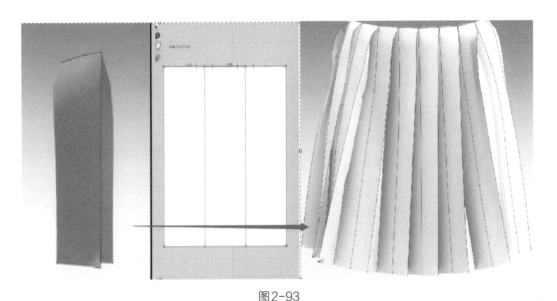

图2-93

2. 褶裥工具 ▉

该工具在样板中切展增加褶裥量的方法制作褶裥。运用该工具在样板边线单击，作为褶裥基础线，出现一个箭头线段，再单击要添加褶裥的一侧，并单击褶裥打开的一侧，输入展开褶裥的数量和展开宽度（宽度数值是褶裥的一半的数量），样板将被分为两部分，并自动增加剪口和修顺板片边缘，褶裥将被创建在样板上，如图2-94所示。

如果已经将创建褶裥的线段缝制到另一个样板上，那么褶裥则会被自动地安排和缝制。如果线段是未被缝制的，那么就可使用褶裥缝纫工具将褶裥缝制到另一个样板上（表2-3）。

表2-3　制作褶裥

褶裥图标	选择褶裥类型（顺褶、箱褶、风琴褶）	
	褶裥数量	确定褶裥数量
	宽度	应用褶裥的宽度
	间距	当有两个或多个褶裥时，设置褶裥之间的间距
	创造剪口	选择创建剪口的位置（两侧，起始点，或结束点）
	调换方向	将褶裥的方向调换成反方向
	褶裥数量	确定褶裥数量
为折叠线应用折叠角度，凸起的外折角设置0度用红色表示，凹进去的内折角设置为360°，用蓝色表示		

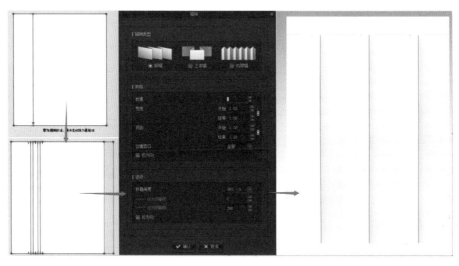

图2-94

3. 翻折褶裥工具

翻折褶裥工具 与褶裥工具 区别在于翻折线必须先绘制完成，再设定翻折角度，可以与缝制褶皱工具配合使用生成多个褶。先用内部线工具在样板中绘制褶线（一个褶可以绘制两条或三条间距相等平行线），用翻折褶裥工具单击鼠标左键拉动鼠标，从第一条跨越到最后一条褶线外边，双击鼠标左键，会弹出对话框。

选择需要的褶裥类型，在顺褶、工字褶、风琴褶之间选择，内部线的折叠角度将更改，并以不同颜色表示。

红色：向样板正面突出，折叠角度为0°；

蓝色：向样板背面凹进，折叠角度为360°；

暗红色：折叠角度为180°。

按照需求勾选反方向，褶裥折叠的方向将会被反转，点击确认键，完成翻折褶裥，如图2-95所示。

4. 缝制褶裥工具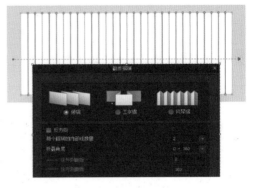

缝制褶裥工具必须先由翻折褶裥工具设定好折叠角度，在需要与褶裥样板缝合的样板上点击起始点并沿缝纫线方向移动鼠标，在结束位置双击，以完成第一条缝纫线。

图2-95

在褶裥样板上，点击起始点并沿结束方向移动鼠标。缝纫线将按照每三个线段（这是一个褶裥所需要的线段数量）的距离自动缝合，点击结束点以完成。缝纫线将以荧光色在各个线段上显示出来，如图2-96所示。

注意：缝制褶裥工具适用于褶裥量和褶裥之间间距相等的褶子，如果间距不相等，需要运用前面所讲的手工缝制褶裥方法。

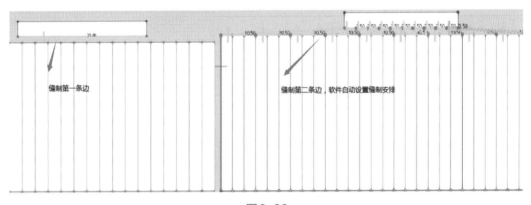

图2-96

十一、层工具

层工具如图2-97所示。

图2-97

1. 层的概念

软件为了方便安排内外多件的服装设定了层的概念，在Property Editor中默认样板为"0"层。如果需要方便安排外层服装，可以将层设为大于"0"的层，如"1、2、3"等层，设计完多层后，在3D界面软件自动将数字大的层安排在外侧，软件会用荧光绿色表示，但最后模拟稳定后必须将所有样板恢复回"0"层，如图2-98、图2-99所示。

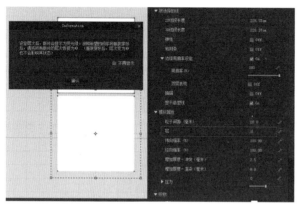

图2-98

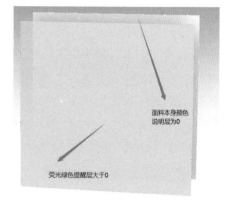

图2-99

2. 设定层次工具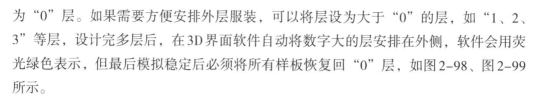

在2D界面可以用设定层次工具快速设定两个重叠样板的上下层关系，与设置层数不同，不会用荧光绿显示，方便3D服装的模拟更加稳定，如风衣、夹克等有里料的多层服装款式。

用该工具在2D窗口点击样板，样板会变成外轮廓线。点击要设为外层的样板，选中的样板外轮廓线变成红色，并且有红色箭头跟随鼠标移动，点击另一个要设在里层的样板。设定层次关系的两个样板之间生成黑色的箭头。箭头的中间有一个"+"表示两个样板之间的顺序关系。改变两个样板之间的顺序关系，使用设定层次工具，选择箭头中间的"+"变成"-"，两个样板之间的顺序调转，如图2-100、图2-101所示。

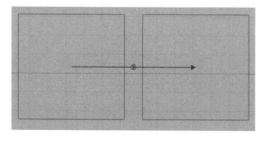

图2-100

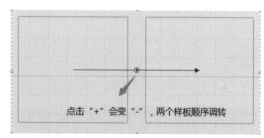

图2-101

第三节　3D服装虚拟软件系统的3D工具

一、调整工具组

调整工具组如图2-102所示。

图2-102

1. 模拟工具 ▼ （快捷键：空格键）

在3D窗口中服装根据重力、缝纫线关系将样板缝纫并模拟试穿。分为GPU模拟、普通模拟，动画模拟、试穿模拟四种（表2-4）。

表2-4　模拟工具

图标	模拟方式	应用场景和模拟效果
	GPU模拟	作一层3D服装时可以选择此模拟以提高模拟速度，但精确效果不佳，适合制作过程中看效果
▼	普通速度（默认）	当制作多层3D服装时选择模拟（普通），模拟过程中可以准确地计算并反映面料的属性
▼	动画（完成）	在动画模式下出现，适用于动画走秀时模拟效果
▼	试穿（面料属性计算）	服装模拟将更加准确，并且织物的拉伸将会表现得更加真实，但模拟速度缓慢

2. 选择移动工具 ▣ （快捷键：Q）

运用该工具在3D窗口中选择及移动样板，当激活模拟工具 ▼ 时，移动工具变为 ▨，服装将自然地被拖动，可以调整3D服装的形态。

当不激活模拟工具 ▼ 时，移动工具变为 ▣，则显示安排样板的模式，可以在显示坐标轴状态下将板片形式进行移动。

选择该工具，在英文输入法状态下，按下W键，可以在样板上增加一个固定针，起到固定作用。在生成固定针该点上再按下W键即可删除，"Ctrl+W"键可以删除所有固定针，如图2-103所示。

3. 选择网格工具 ▣ ▣

运用该工具，可以在服装中局部选择，适合对一些细节位置做局部调整。

网格工具分为箱型选择 ▣ 和套索选择 ▣ 两种，箱型选择适合有规则选择网格部分，套索选择可以圈出任意区域进行选择。选中区域将以绿色显示，同时在2D样板中绿色同步显示，按住Shift键可以追加多选区域。

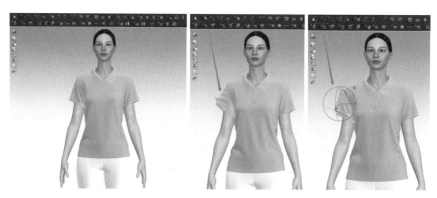

图2-103

4. 固定针工具

运用该工具，可以将服装的局部固定，也可以将针固定在模特身上，方便服装安排调整。

选取该工具后，样板将以网格形式显示，单击网格顶点，将形成一个固定针，框选或拖动选择，可以设定一个区域的固定针，拖动该选区或使用定位球，将该选区移动到合适的区域。点击右键，可以选择删除固定针，也可以将样板固定到模特身上，这样在走秀过程中，固定针会跟随模特移动，否则是固定在空中，如图2-104所示。

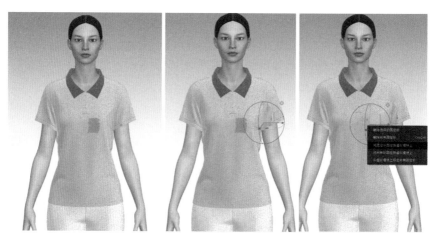

图2-104

5. 折叠安排工具

该工具可以在样板激活模拟前，将衣领、袖口、裤脚进行翻折处理。

点击样板要折叠的内部线、图形，将出现折叠安排定位球。按照需要沿着蓝色圈旋转红色或绿色轴（折叠方向根据需要调整），选中的样板将折叠。单击模拟完成最终效果，如图2-105所示。

6. 缝纫工具

3D界面缝纫工具用法同2D界面缝纫工具。优点是直观，不容易出现缝反缝纫线的情况；缺点是，由于样板在3D界面是三维效果，有些边线不容易定位，建议一般情况使用2D界面缝纫工具。

7. 假缝工具

假缝工具可以在已试穿好的服装上，临时捏合褶，用来调整合体效果。

图2-105

在已穿的服装上点击一个起始点，点击的位置上会出现点，同时有一条虚线跟着鼠标光标移动，在结束点单击另一个点将创建，两点之间的直线将以黄色高亮显示。在2D样板上同时生成假缝。激活模拟工具，模拟时服装上的这两点将临时捏合，显示效果如图2-106所示。

8. 编辑假缝

该工具用来调整假缝位置及假缝针之间线的长度或删除不需要的假缝。

点击编辑假缝工具，服装将变为半透明色，2D界面假缝针以蓝色虚线显示。拖动端点，来调整假缝位置及假缝针之间线的长度，按下Delete键或在单击右键弹出菜单中选择删除，如图2-107所示。

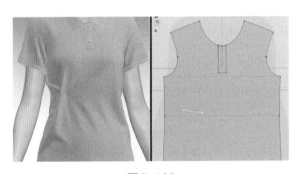

图2-106

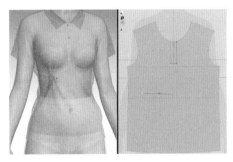

图2-107

9. 固定到虚拟模特上工具

该工具临时将样板固定到虚拟模特身上，在做虚拟立体裁剪时配合使用。

使用此工具在3D服装上点击需要固定到虚拟模特上的点，选中的服装将变为半透明，同时会出现一条跟着鼠标移动的虚线，并且在虚拟模特上点击一点，服装将变回不透明的状态，2D样板上同样生成假缝标记。激活模拟工具，样板将固定在虚拟模特上，如图2-108所示。

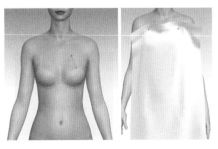

图2-108

10. 重置2D安排位置（全部）工具■

将3D界面样板按照2D界面排列位置布置，在2D界面样板对齐，对位排列后，一键方便将样板在3D界面布置好，方便进一步安排在模特身上，如图2-109所示。

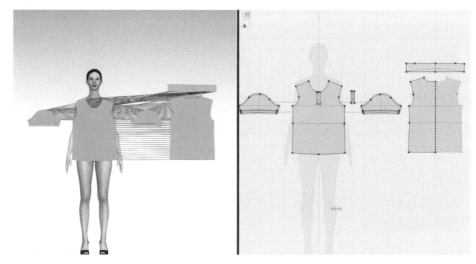

图2-109

11. 重置3D安排位置工具■

将全部或选择的样板安排位置重新恢复到模拟前的位置，使用此工具可解决部分模拟后出现问题的情况。点击该工具，3D界面所有样板将重置到模拟前的位置安排。

如果需要指定样板重置，可以点击Shift键选择多个样板，点击右键中重设3D安排位置（选择的）（快捷键：Ctrl+F）选择的样板，将重置到模拟前的安排位置，如图2-110所示。

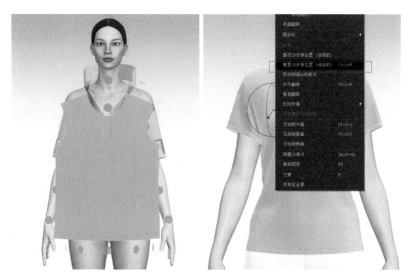

图2-110

12. 提高/降低服装品质工具

提高服装品质工具目的是强调服装的真实性和更高的品质，降低服装品质工具可以加快调整模拟速度，如表2-5、图2-111所示。

表2-5　服装品质工具调整内容

服装	粒子间距	设置粒子间距的值应用到所有样板。高品质服装默认值：5mm，低品质服装默认值：20mm
	适用范围	默认的应用范围值介于5~20mm，并且将应用于粒子间距在该范围内的任何样板
	样板厚度-冲突	设置样板厚度值应用到所有样板。高品质服装默认值：1mm，低品质服装默认值：2.5mm
	适用范围	上述范围内的任何样板都将被应用
虚拟模特	表面间距	设置表面间距值应用到虚拟模特。高品质服装默认值：0mm，低品质服装默认值：3mm
	适用范围	上述范围内的任何虚拟模特都将被应用
模拟	模拟品质	将模拟品质设置为完成或普通。高品质服装默认值：完成，低品质服装默认值：普通
检查开/关菜单		切换选项是否适用于服装、虚拟模特、模拟设置

图2-111

二、立体裁剪工具组

立体裁剪工具组如图2-112所示。

图2-112

1. 虚拟模特圆周胶带工具

在3D窗口为了方便立体裁剪，在虚拟模特身体安置圆周标记带，起到标识和安排样板作用。

在模特身上点击起始点，按住键盘Shift键，可以方便水平安排圆周标记带，再点击两点完成圆周胶带设置。

2. 线段虚拟模特胶带

在3D窗口为了方便立体裁剪，在虚拟模特身体两点之间安排线段标记带，如肩线、前中，后中，起到标识和安排样板作用。

点击在虚拟模特贴胶带的第一个点，出现蓝色固定点。移动鼠标点击生成第二个点，并和第一个点之间出现连接线，双击生成线段虚拟模特胶带。

3. 编辑虚拟模特胶带

将虚拟模特上生成的胶带删除。点击要删除的胶带，胶带将以黄色线高亮显示，点击Delete键删除，选择的基础线将被删除，如图2-113所示。

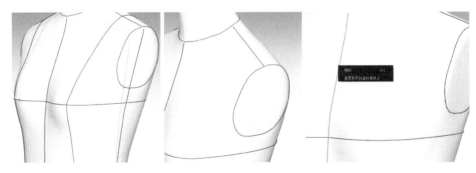

图2-113

4. 贴附到虚拟模特胶带

将样板的边缘或内部线粘在虚拟模特胶带上，方便立体裁剪样板定位安排。

在3D窗口，用该工具选择要粘贴在胶带上的样板外线或内部线，选择线段的样板将会变成透明，外轮廓线变成红色。选择要贴覆的线段虚拟模特胶带，选择的虚拟模特上胶带将会显示为红色。点击模拟按键 ，样板则吸附到胶带上。要解除贴覆到虚拟模特胶带时，使用虚拟模特带工具，点击Delete键删除，如图2-114所示。

5. 3D画笔（服装）

该工具在3D界面服装样板中绘制直线和曲线。

3D服装上的合适位置上单击一个点作为起始点，按住并拖动鼠标来创建需要的3D线段，将出现黑色的线，并有一个黑色的点随着鼠标移动而移动，按住Ctrl键可以画曲线，在结束点双击鼠

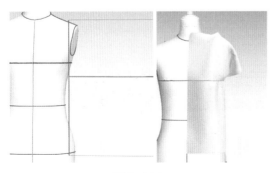

图2-114

标，以完成线段的创建，如图2-115所示。

6. 编辑3D画笔工具（服装）

编辑在3D服装上创建的线，可以移动、增加、删除曲线点，也可以删除创建的3D线。右键点击3D线，可以选择勾勒为内部线或内部图形命令，生成内部线或图形，如图2-116所示。

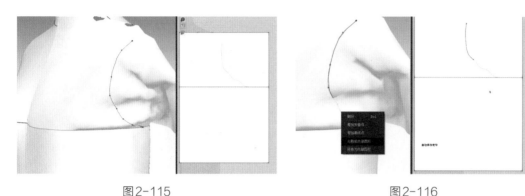

图2-115　　　　　　　　　　　　　　图2-116

7. 3D笔（虚拟模特）工具

该工具在虚拟模特身上画线并将其变为样板，适合紧身贴体服装部位绘制。

在模特身上点击并拖动鼠标，有一个小黑点随着鼠标移动。在合适的位置点击鼠标左键，来创建需要的线段、图形，点击结束点完成线段的创建。按下Ctrl键，可在创建线段的时候创建曲线；在创建线段时，按下Delete键，可取消上一步创建；如果需要全部取消的话，按下Esc键或者"Ctrl+Z"键，如图2-117所示。

8. 编辑3D笔（虚拟模特）工具

该工具编辑绘制在虚拟模特身上的3D线，点击需要修改的点或线段。点击的点或线段被选择后，将以黄色高亮，拖动鼠标，将其移动到合适的位置。

需要删除创建的3D线时，在选择的点或线段上单击右键，在弹出菜单中选择删除，或按下Delete键来删除，如图2-118所示。

9. 展开为样板工具

该工具将模特上的闭合线段展平为平面样板，在2D窗口可以进行再编辑修改。

将鼠标悬停于需要提取为样板的形状，该区域将以浅蓝色展示。按住Shift键并点击所有需要提取的样板，选择的区域将以黄色高亮表示。按下Enter键，模特上选择的区域将被转化

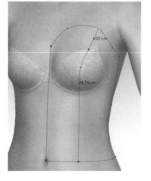 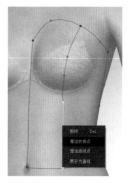

图2-117　　　　　　　　图2-118

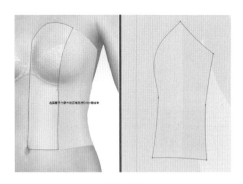

为样板，并同时在2D和3D窗口中出现，如图2-119所示。

10. 打开动作工具

点击左侧Library中选定模特，选择打开合适的姿势（*.pos）或动作（*.mtn）文件，当导入一个姿势或动作文件后，将自动激活打开动作工具 。点击该工具，虚拟模特将根据动作文件进行模拟，如图2-120所示。

图2-119

图2-120

三、测量工具组

测量工具组如图2-121所示。

图2-121

1. 圆周测量工具

使用圆周测量工具测量虚拟模特的尺寸。圆周测量有两种选择：基本周长测量 可以简单地测量其周长；表面测量 可以精确地按照虚拟模特的形态进行测量。

点击需要测量的圆周的一端，再点击需要测量的圆周的另一端，将鼠标放在两点中间的一点上来设置圆周测量角度，圆周测量会出现一条橙色的线，当出现需要角度的圆周线时，点击鼠标结束，如图2-122所示。

2. 基本长度、表面长度、高度测量工具

该工具用于测量模特身上的局部长度如背长、手臂长、胸点高的长度工具，两点之间的直线长度用基本长度测量工具 ；虚拟模特

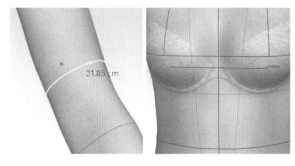

图2-122

的表面曲线贴紧测量用表面长度工具 ；测量模特身体到地面的高度选用高度测量工具 ，如图2-123所示。

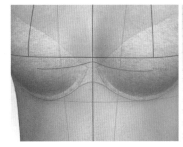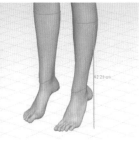

图2-123

3. 编辑尺寸工具

该工具用于编辑虚拟模特尺寸，点击主菜单/虚拟模特/虚拟模特编辑器/测量，将出现虚拟模特测量的列表，点击测量以查看或编辑其属性，如图2-124所示。

4. 服装圆周测量工具

该工具用于测量3D界面试穿后的服装横截面的圆周长度，点击一个区域来测量服装的周长，一个绿色的横截面和圆周长度将被创建，如图2-125所示。

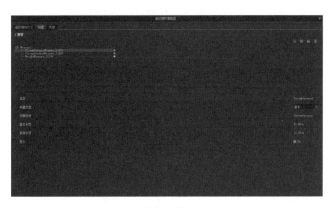

图2-124

5. 服装直线测量工具

该工具为测量服装的长度工具，在3D服装上单击开始，一个绿色的点和矩形片将会出现，按住Shift键，在结束点再次单击，完成直线测量。服装的测量将会沿水平、垂直方向被创建，并且测量值也将显示。

6. 编辑服装测量工具

该工具用于编辑已经存在的服装测量。点击已经存在的测量值，在服装上以绿色显示，将会出现移动坐标，可以拖动改变测量位置，测量数据同步更新，在Property Editor中可以看到相应数值属性，如图2-126所示。

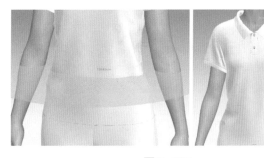

图2-125

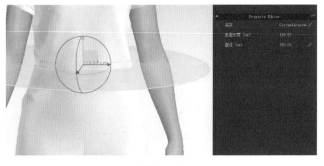

图2-126

四、纽扣、拉链工具组

纽扣、拉链工具组如图2-127所示。

图2-127

纽扣、拉链工具在属性栏有多种选项，可以灵活选择加以使用，如图2-128所示。

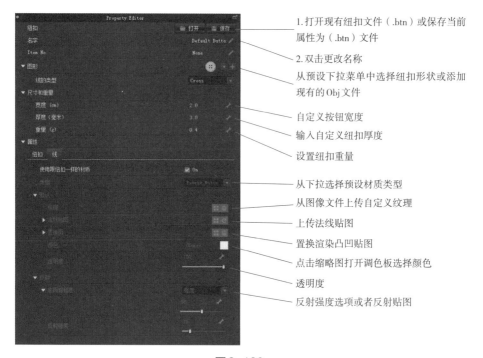

1.打开现有纽扣文件（.btn）或保存当前属性为（.btn）文件

2.双击更改名称

从预设下拉菜单中选择纽扣形状或添加现有的Obj文件

自定义按钮宽度

输入自定义纽扣厚度

设置纽扣重量

从下拉选择预设材质类型

从图像文件上传自定义纹理

上传法线贴图

置换渲染凸凹贴图

点击缩略图打开调色板选择颜色

透明度

反射强度选项或者反射贴图

图2-128

1. 选择/移动纽扣工具

该工具用于选择、移动和删除已经做好的纽扣/扣眼，并可将已经做好的纽扣和扣眼互换，在3D和2D窗口均可操作，如图2-129所示。

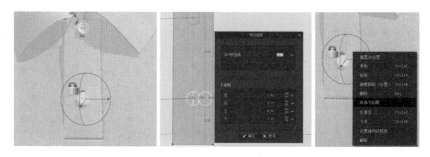

图2-129

2. 纽扣工具

该工具用于在样板中增加和创建纽扣。点击3D服装或2D板片所需位置，在指定位置创建一个纽扣。用该工具在2D界面样板的边缘右击，可以根据弹出菜单设置纽扣精确定位和纽扣数量，一次做多个等距纽扣。

3. 扣眼工具

该工具用于创建扣眼放至所需位置。在3D服装或2D样板单击所需位置生成扣眼。用该工具在2D界面样板的边缘右击，可以根据弹出菜单设置扣眼精确定位和扣眼数量，一次做多个等距扣眼。在属性栏中调整扣眼的角度和形状，以适应不同服装需求，如图2-130所示。

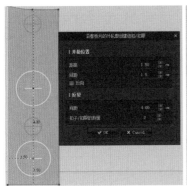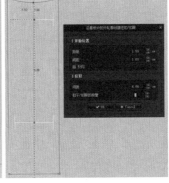

图2-130

4. 系扣眼工具

该工具用于将创建好的扣子和扣眼系合。在2D/3D窗口点击纽扣再点击扣眼，会出现一个相应灰色箭头指示，在3D纽扣和扣眼的旁边会出现一个锁住的图标，点击模拟扣子系合成功，如图2-131所示。

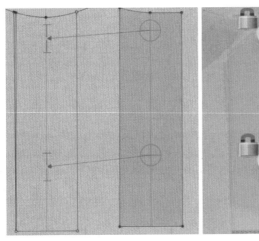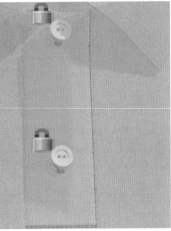

图2-131

5. 拉链工具

该工具模拟拉链系合，可以自动生成拉头、拉片和根据纹理设置尼龙、金属等拉链造型。

在3D服装或2D样板上点击需要添加拉链的边缘线，然后移动鼠标，将出现拉链的线段上会出现蓝色高亮，在拉链的结束端双击鼠标完成拉链的一侧；点击需要生成另一侧拉链的样板外线，然后移动鼠标，将出现一个蓝点，表示同已创建的拉链一侧长度相同的位置，在该点上双击完成拉链的创建，拉链头也将同时添加。激活模拟工具，拉链将模拟拉上，点击拉头、拉片可以在Property Editor中选择替换，在停止模拟状态下可以拉开拉链到指定位置，如图2-132所示。

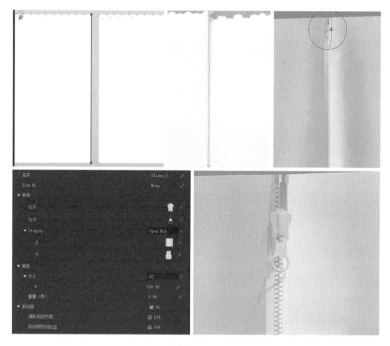

图2-132

五、装饰工具组

装饰工具组如图2-133所示。

图2-133

1. 嵌条工具

该工具用于在服装边缘创建嵌条（绲边），常用在旗袍等服装边缘起到加固作用。

3D服装或2D样板上单击鼠标左键创建起始点，拖动鼠标移动，在结束位置双击完成嵌条。如果需要为整个样板的外轮廓线添加嵌条，在板片外线上点击创建第一个点，点击创建第二个点，再重新点击第一个点，则形成一圈的嵌条效果。

2. 编辑嵌条工具

编辑嵌条的长度、宽度、例子间距以及删除嵌条功能。

选用该工具在已经生成嵌条边缘单击，会出现一条黄色指示线，点击并拖动端点可调整嵌条长度。

点击已经生成的嵌条，在Property Editor中有长度、宽度、粒子间距、显示隐藏以及选择的面料等属性设置，可以进行相应调整，如图2-134所示。

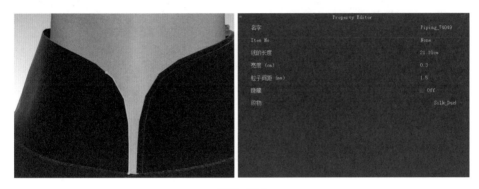

图2-134

3. 贴边工具

该工具沿着样板外线创建贴边，常用领口、袖口贴边装饰功能。

在3D样板或2D样板上点击起始点，并在需要结束贴边的位置双击，贴边将创建在选择的线段上，贴边属性在Property Editor中调整，如图2-135所示。

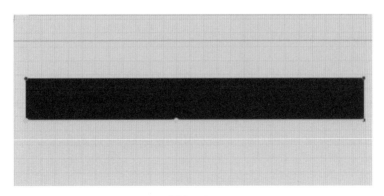

图2-135

4. 选择贴边工具

选择贴边工具后，3D服装变为半透明，带有贴边的板片外线将变成灰色。选择需要编辑的贴边，在 Property Editor 中将出现其属性，调整相应参数，可以改变贴边宽度、长度、粒子间距、明线、面料等造型调整，如图2-136所示。

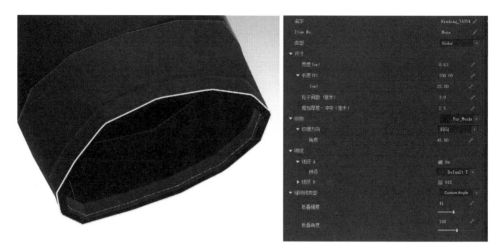

图2-136

5.熨烫工具

使用此工具将两个叠在一起缝纫的样板边缘处熨烫平整。

点击要熨烫的第一层样板，选中的样板将变为透明，点击另一层样板，初次点击的样板将重新出现，点击模拟键，鼓起来的边缘将被烫平，如图2-137所示。

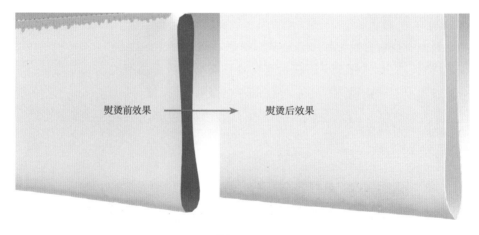

熨烫前效果 → 熨烫后效果

图2-137

第三章 3D 服装设计基础应用

课题名称： 3D服装设计基础应用

课题内容： 1. A型裙的表现

2. 吊带连衣裙的表现

3. 流苏连衣裙的表现

4. 复古灯笼袖裙的表现

上课时数： 20课时

教学目的： 了解女装款式的板型和工艺特点，熟悉女装款式的缝制方法，掌握女装虚拟样衣的制作与应用。

教学方式： 1. 教师通过电脑演示软件操作，示范虚拟服装板片安排、样板处理，以及缝纫技巧。

2. 学生操作练习，通过实际基础款式案例练习巩固知识点，以及数字教学资源加深理解软件工具的使用方法。

教学要求： 要求学生掌握虚拟服装的板型处理方法，以及虚拟安排、虚拟缝制技巧，能够独立完成3D女装试衣。

课前（后）准备： 1. 课前通过教学资源库，熟悉软件操作工具使用，以及女装3D试衣案例制作过程。

2. 课后收集各类女装款式，运用所学知识，制作3D虚拟服装。

3. 提前安装好课程所需软件。

第一节　A型裙的表现

A型裙是女性着装中比较常用的一款半身裙，腰部比较贴身，裙摆部宽松，裙长可长可短，整体穿着后能够凸显女性优雅的气质。其应用也较为广泛，可以搭配商务装、休闲装、运动装等。

一、准备工作

1. 样板导入

在图库窗口中选择一名女性模特。鼠标左键点击软件视窗左上角文件→导入→DXF（AAMA/ASTM）。导入设置时根据制板单位（例子中为厘米）确定导入单位比例，选项中优化所有曲线（默认设置），如图3-1、图3-2所示。

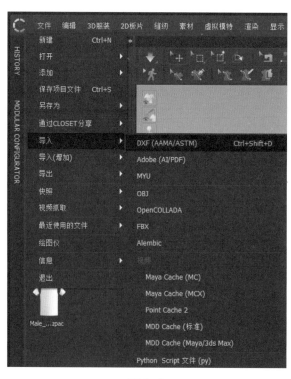

图3-1　　　　　　　　　　　　　　　图3-2

2. 样板校对

（1）运用"调整样板" ，按住鼠标左键拖动样板，根据3D虚拟模特剪影的位置对应移动放置样板，如图3-3所示。

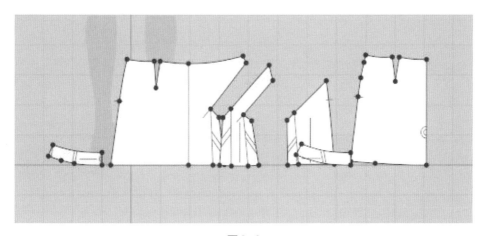

图3-3

（2）前片拼接的两个小片、后片裙片与后片腰头平行放置于前片右侧，如图3-4所示。

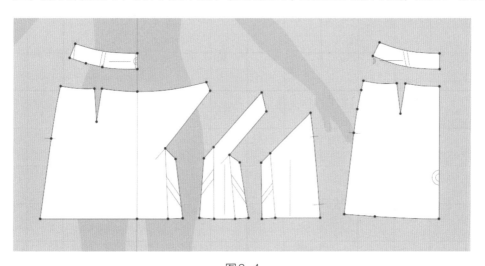

图3-4

（3）运用"编辑样板"工具 ，鼠标右键单击裁片的展开对称线（a、b、c），选择"对称展开编辑（缝纫线）"，将前腰头、后腰头和后裙片三个裁片沿对称线对称展开，制成完整裁片，如图3-5、图3-6所示。

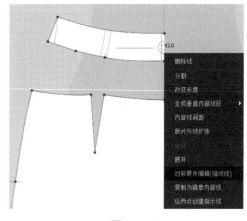

图3-5

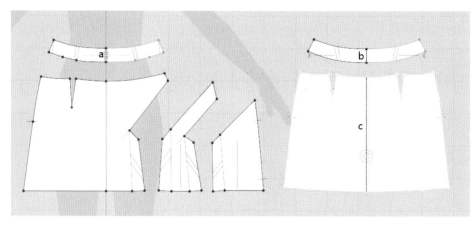

图3-6

二、安排样板

（1）在3D视窗左上角"显示虚拟模特" ▣ 中选择"显示安排点" ▦ （快捷键为Shift+F），如图3-7所示。

（2）鼠标左键点击"重置2D安排位置（全部）" ▦ ，使3D窗口样板位置对应2D窗口样板位置，如图3-8所示。

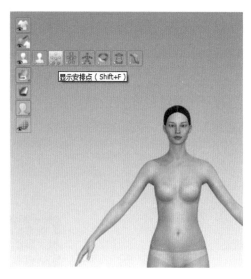

图3-7

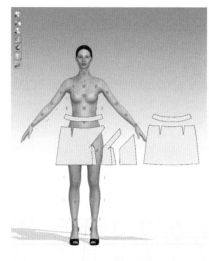

图3-8

（3）运用"选择/移动" ▦ ，点击鼠标左键选择前片，在模特的安排点上再次单击鼠标左键，安排样板，如图3-9所示。

（4）放置所有样板到合适的安排点位置，如图3-10所示。

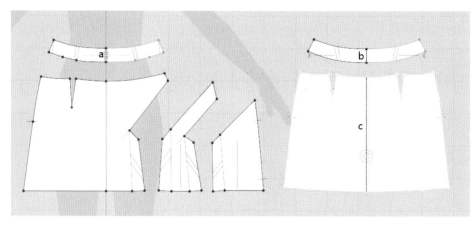

服装设计与虚拟仿真表现

084

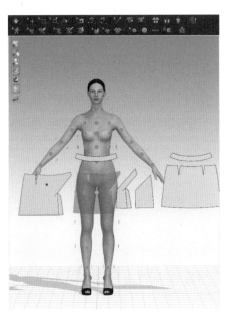
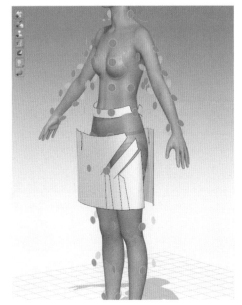

图3-9   图3-10

三、缝合样板

1. 缝合基础部位

（1）运用"线缝纫"工具 ▩ 进行缝纫，在前片腰头缝合线靠上端位置单击鼠标左键，如图3–11所示。

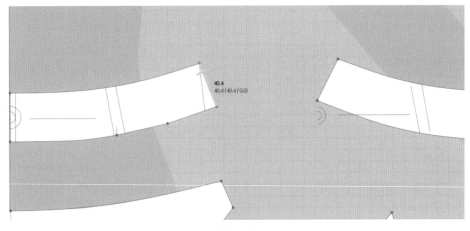

图3-11

（2）在对应后片腰头缝合线靠上端位置，单击鼠标左键，完成缝合，如图3–12所示。

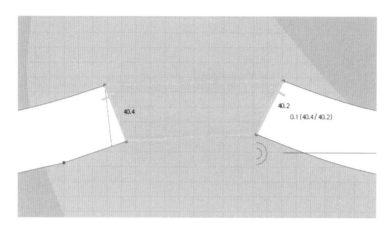

图3-12

（3）运用"自由缝纫"工具 ，在后片用鼠标左键先后单击 A 点、B 点，如图3-13所示。

（4）按住 Shift 键，在前片依次点击 C—D—E—F—G—H 点，松开 Shift 键，完成缝纫，如图3-14所示。

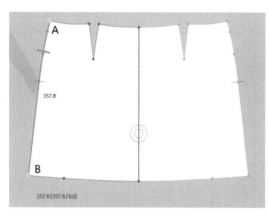

图3-13

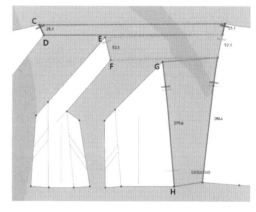

图3-14

（5）运用"自由缝纫"工具 ，鼠标左键先后单击 I—J—K—L 点，完成缝合，如图3-15所示。

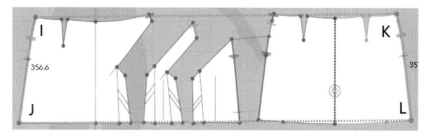

图3-15

（6）运用"线缝纫"工具 ，将省道缝合，鼠标左键先后单击前片省道线段e、线段d，完成缝合，如图3-16所示。

（7）后片只需缝合一端的省道，对称的另一段省道会自动缝合，如图3-17所示。

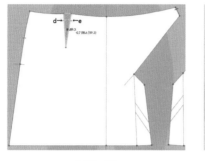

图3-16

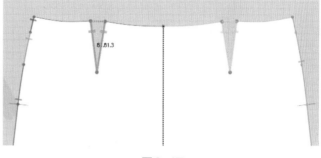

图3-17

（8）运用"自由缝纫"工具 ■，将前片的腰头与裙片缝合，鼠标左键依次点击M点、N点，再按住Shift键，依次用鼠标左键点击O-P-Q-R点，松开Shift键，完成前片腰头与裙片的缝合，如图3-18所示。

（9）运用"自由缝纫"工具 ■，将后片的腰头与裙片缝合，鼠标左键依次点击S点、T点，再按住Shift键，依次用鼠标左键点击U-V-W-X点，松开Shift键，完成后片腰头与裙片的缝合，如图3-19所示。

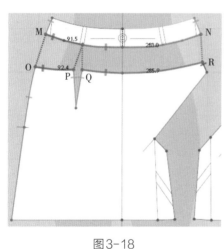

图3-18

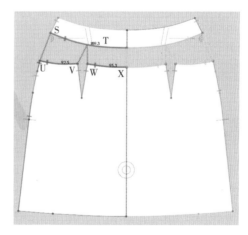

图3-19

（10）运用"线缝纫"工具 ■，将线段f和线段g缝合，线段h和线段i缝合，如图3-20所示。

（11）运用"线缝纫"工具 ■，将线段j和线段k缝合，线段l和线段m缝合，如图3-21所示。

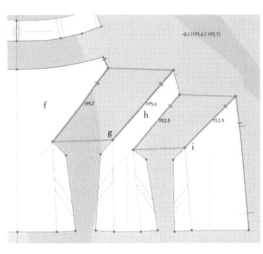

图3-20

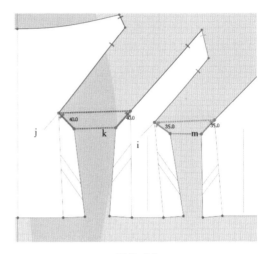

图3-21

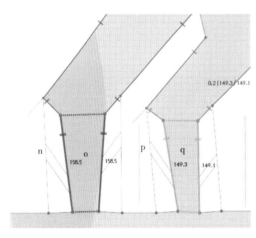

图3-22

（12）运用"线缝纫"工具 ，将线段n和线段o缝合，线段p和线段q缝合，完成前片拼接部分缝合，如图3-22所示。

2. 叠褶

（1）在3D视窗中点击"模拟"工具 ，等待模拟完成后，再次点击，取消模拟，如图3-23所示。

（2）在2D视窗中运用"勾勒轮廓"工具 ，右键单击内部线段，选择"勾勒为内部线/图形"，勾勒出前片缝合线r、s，与褶线t、u四根内部线，如图3-24、

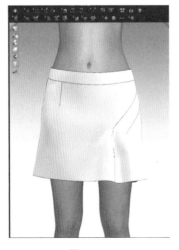

图3-23

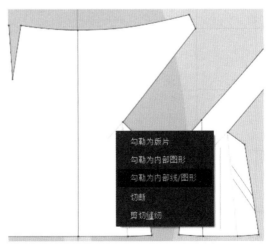

图3-24

图3-25所示。

（3）运用"编辑样板"工具 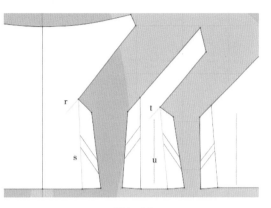，按住Shift键，加鼠标左键，点击选择线段s和线段u，在属性编辑窗口设置"折叠角度"为"0"，如图3-26、图3-27所示。

（4）运用"线缝纫"工具 ，将线段r和线段j缝合，如图3-28所示。

（5）运用"编辑样板"工具 ，按住Shift键加鼠标左键，点击选择线段t上的3条小线段，松开Shift键完成操作，鼠标右键单击选中的线段，选择"将重叠点合并"，如图3-29所示。

图3-25

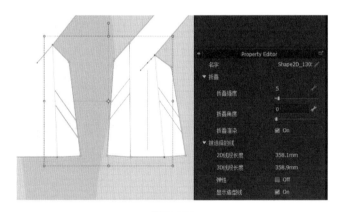

图3-26

图3-27

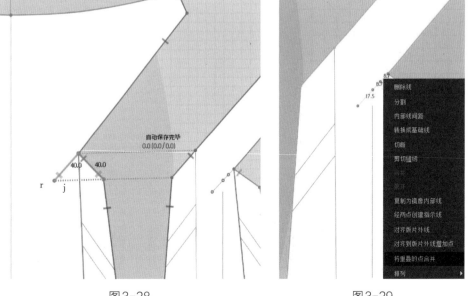

图3-28

图3-29

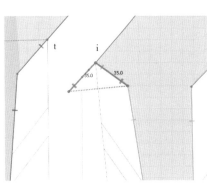

图3-30

（6）运用"自由缝纫"工具▇，将线段t和线段i缝合，如图3-30所示。

（7）运用"编辑缝纫线"工具▇，按住Shift键加鼠标左键，点击选择缝纫线n和缝纫线p，在属性编辑窗口设置"折叠角度"为"360"，如图3-31、图3-32所示。

（8）在3D视窗鼠标左键点击模拟完成叠褶制作，如图3-33所示。

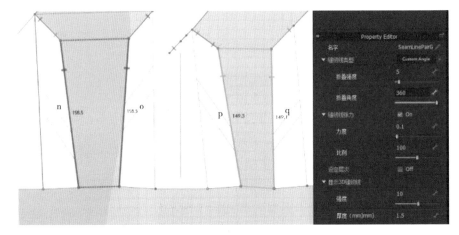

图3-31

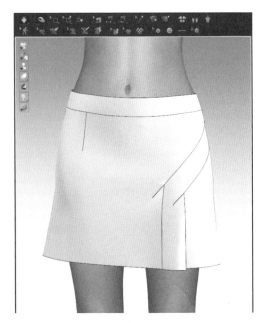

图3-32　　　　　　　　　　　　图3-33

3. 添加拉链

（1）运用"调整样板"工具 ，鼠标右键点击样板，选择"解除联动"，将前、后腰头样板和后裙片解除联动，如图3-34所示。

（2）运用"编辑缝纫线"工具 ，鼠标右键点击右腰头缝纫线，选择"删除缝纫线"，如图3-35所示。

图3-34   图3-35

（3）运用"编辑缝纫线"工具 ，鼠标左键点击选择缝纫线 I-J，再按住鼠标左键往下拖动 I 点，再按右键，同时松开左右键，弹出移动距离窗口，在"移动的距离"中输入"10cm"，鼠标左键点击"确认"，将缝纫线往裙摆位置缩短10cm，如图3-36、图3-37所示。

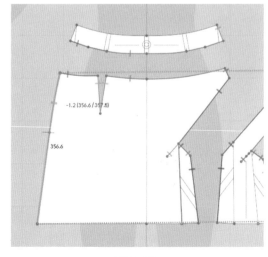

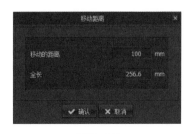

图3-36   图3-37

（4）后片缝纫线同样缩短10cm，运用"编辑缝纫线"工具 ，鼠标左键点击选择缝纫线K–L，再按住鼠标左键点击K点，直接拖动到下方与前片缝纫线的对位点，松开鼠标即可，如图3–38所示。

（5）在3D视窗中点击"模拟"工具 ，按住Shift键加A键，隐藏虚拟模特，如图3–39所示。

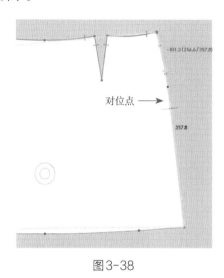

对位点 →

图3-38　　　　　　　　　　　　图3-39

（6）在3D视窗中选择"拉链"工具 ，鼠标左键单击点1开始，移动鼠标左键双击点2，结束，再鼠标左键单击点3，移动鼠标左键双击点4结束，制作出拉链，如图3–40~图3–42所示。

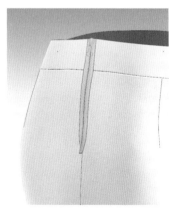

图3-40　　　　　　　　图3-41　　　　　　　　图3-42

（7）在3D视窗中运用"选择/移动"工具 ，鼠标左键点击选中拉链，在属性编辑器中设置"宽度"为"2mm"，调整拉链宽度，再点击"模拟"工具 ，完成试衣，如图3–43、图3–44所示。

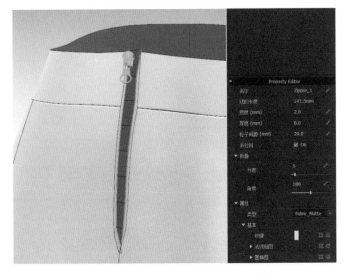

图3-43

图3-44

四、成品展示

如图3-45所示为A型裙成品渲染效果图，可以进行360°展示，包括各个面的展示效果（截取三个面做示范效果）。

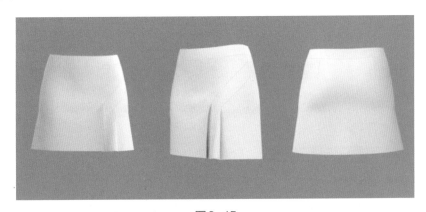

图3-45

第二节　吊带连衣裙的表现

本节介绍的是吊带连衣裙两件套，根据穿着对象的不同，可分为童装连衣裙和成人连衣裙。本节吊带连衣裙可根据自己的需求决定是否加打底短袖。

一、准备工作

1. 纸样处理

以ET服装CAD为例，打开连衣裙文件命令导出DXF文件，将纸样导出DXF格式，如图3-46所示。

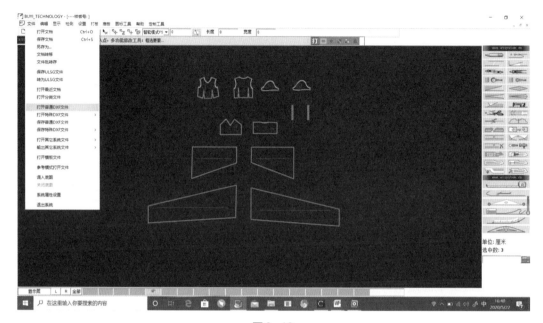

图3-46

2. 设置虚拟模特

打开CLO软件，打开左侧Library窗口中avatar，选择Female_V1模特，如图3-47所示。打开上方菜单中"虚拟模特编辑器"，如图3-48所示。

图3-47   图3-48

打开菜单中"虚拟模特编辑器"，在弹出的对话框中，将模特的身高设置为"170"，胸围设置为"82"，腰围设置为"62"，如图3-49所示（可以按照自己的需求设置）。

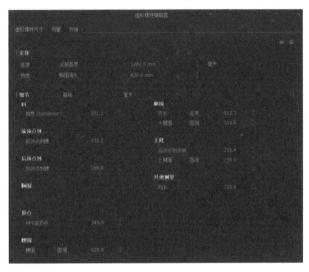

图3-49

二、样板处理

1. 导入样板

点击菜单文件→导入→DXF（AAMA/ASTM）。导入设置时比例选自动规模，选项选择切割线和互换、样板自动排列，优化所有曲线，如图3-50、图3-51所示。

图3-50

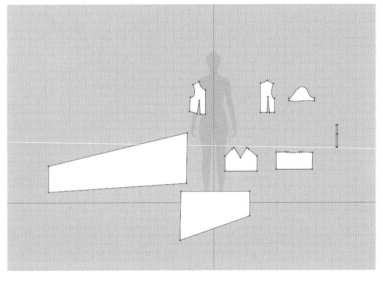

图3-51

2. 样板复制粘贴

（1）裙片与袖子：将前裙片和袖子复制（Ctrl+C），粘贴（Ctrl+V），鼠标右键（Ctrl+R），可以镜像粘贴。复制成后裙片和袖子后就用"调整板块"工具 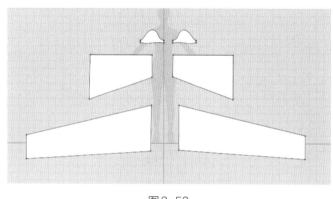，将前后裙片和袖子排列好位置，如图3-52所示。

（2）前后衣片：用"编辑板片"工具 ，用鼠标右键点击衣片的中心线展开，如图3-53所示。

图3-52   图3-53

注意：不规则服装，如抹胸，可以在ET服装制板软件内处理好再在CLO软件中打开，或者直接在CLO软件内绘制也可以。

（3）复制粘贴其余的样板，腰带或者肩带等小的样板后用"调整板块"工具 ，排列好全部样板的大概位置，如图3-54所示。

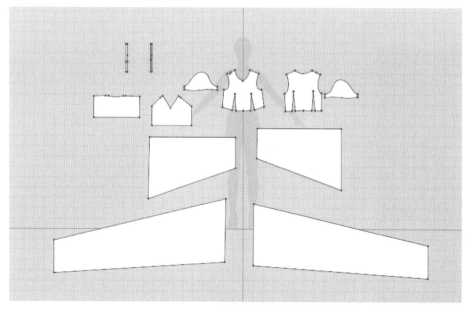

图3-54

3. 安排样板

（1）打开"3D窗口"的显示安排点，如图3-55所示。也可以用shift键+F键打开。鼠标左键单击样板，点击在安排点上，系统会自动安排合适的位置，把样板按照此方法在虚拟模特身上相应的点上进行安排。如果外层有服装，不适合用安排点的，可以用"对称轴坐标工具"自己安排到人体对应的外侧，如图3-56所示。

图3-55

图3-56

（2）鼠标右键可以选择移动模特，单击右键可以选择前后左右的视图，如图3-57所示。模特身上的样板若要重新安排，可以右键点击样板，进行"重设2D安排位置"，如图3-58所示。

图3-57

图3-58

第三章　3D服装设计基础应用

三、缝合样板

缝合样板在操作过程中需要特别注意以下几个要点：第一，在"2D样板窗口"进行缝合时，观察"3D窗口"虚拟模特身上的服装，可以看到缝合线迹，检查缝合线迹是否正确，如图3-59所示。第二，在"2D窗口"中缝纫对应的位置颜色是相同的，如图3-60所示。

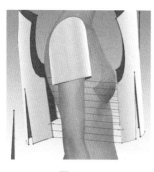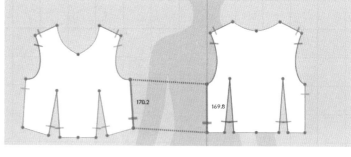

图3-59   图3-60

1. 前后衣片和省道缝制

选择"线缝纫"工具 ■，对着服装相应的位置进行缝合，例如，前肩线和后肩线连接，而前侧缝线与后侧缝线连接。省道也用"线缝纫"工具 ■，进行缝合，如图3-61所示。

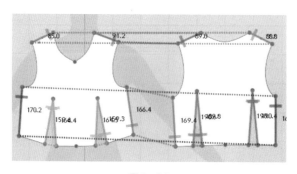

图3-61

2. 袖子样板缝制

袖子选择"自由缝纫"工具 ■（图3-62），先缝合袖子与前片袖窿，再缝合袖子与后片袖窿。

选择"线缝纫"工具 ■，缝合袖子的后袖缝线和前袖缝线，如图3-63所示。

此项操作要特别注意，制作短袖上衣可以先进行模拟，如图3-64所示。而不进行模拟可以选择菜单上面的"移动"工具 ■，单击鼠标右键进行冷冻，冷冻过后的颜色会变成淡蓝，如图3-65所示。

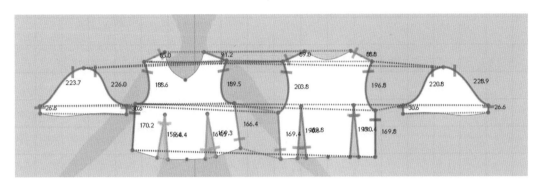

图3-62

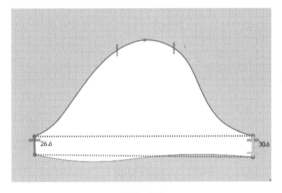

图3-63

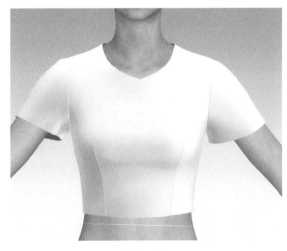

图3-64

图3-65

3. 缝合肩带与抹胸上衣

把刚刚冷冻的样板解冻，单击鼠标右键进行解冻。用"对称轴坐标工具"把吊带和抹胸样板安排到相应的位置，也可以用快捷键"Shift+F"，显示安排点，进行安排样板。里面的短袖进行冷冻，防止乱动，如图3-66所示。

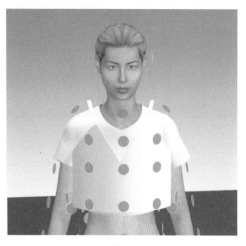

图3-66

选择"线缝纫"工具 ■，在"2D窗口"对肩带和抹胸样板进行缝合，如图3-67、图3-68所示。

由于抹胸样板太小分量较轻，而裙片太重，合在一起容易导致变形。所以，将抹胸样板下摆直接连接短袖下摆，而裙片则直接连接短袖下摆。短袖样板由于有省的存在，所以我们需用"自用缝纫"中的M∶N自由缝纫如图3-69所示。首先需要选定短袖前片除了省道其余的部分，选好之后按下回车键，再选择抹胸的前片，如图3-70所示。

图3-67

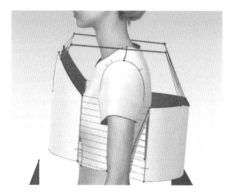

图3-68

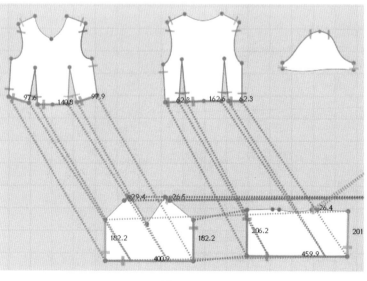

图3-69

图3-70

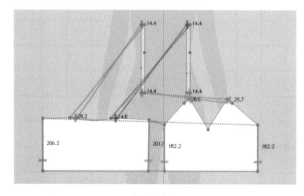

4. 裙片与短袖结合

选择"自用缝纫"中的M：N自由缝纫工具，按照上面的方法对各个对应的部位进行缝合。裙片的前腰围线与服装的前腰线缝合，后腰围线和后腰线缝合，裙片的前侧缝线与后侧缝线缝合，如图3-71、图3-72所示。

图3-71

图3-72

四、虚拟试衣

单击"模拟"工具 ▆▆，进行虚拟试衣，从试衣的正面、侧面图、背面等360°的各个角度来查看服装的展示效果，如图3-73、图3-74所示。

图3-73

图3-74

五、调整服装外形

调整服装外形，由于肩带太小会受不住面料的重力而产生变形，为了防止肩带变形，在有些部位需要加粘衬条和固定针。

1. 粘衬条

鼠标左键单击"2D窗口"中的肩带，右侧会出现Property Editor找到粘衬条，设置"7"，粘衬条下面会出现"增加厚度—渲染"，设置"1.5"，如图3-75所示，粘衬条，如图3-76所示。

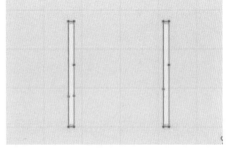

图3-75   图3-76

2. 加固定针

肩带会因为太小而不稳定，导致滑落，需要在肩带中间加固定针。选择"固定针"工具■后，样板会显示网格状态，如图3-77所示。然后，找到肩带的中间，鼠标左键按住画一个小正方形，小正方形表达了固定针的面积，如图3-78所示。

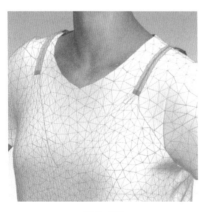

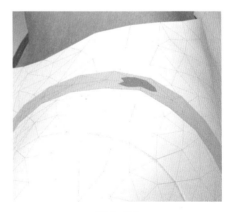

图3-77   图3-78

六、调整属性

1. 短袖

先帮短袖改一个面料，选择"调整板片"工具 ，框选短袖四个样板，如图3-79
所示。在Library中的Fabric里面有一些默认面料，选好面料直接拖入短袖样板，在"对
象浏览器"中会自动生成新的图层，按左键改名为"短袖"，便于区分，如图3-80
所示。

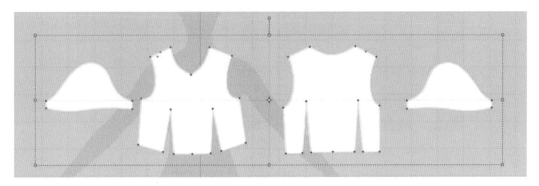

图3-79

本节连衣裙短袖选用默认面料里的Cotton_ Stretch_
Sateen（棉质—弹性—缎布），如图3-81所示。选择了
默认面料，会自带法线贴图，如图3-82所示。

单击短袖在Property Editor里，找到"增加厚度—
渲染"，设置为"0.5"，如图3-83所示。

图3-81

图3-82

图3-83

2. 调整抹胸样板

（1）纹理。我们先将抹胸样板更换纹理。选择"调整样板"工具 ，框选需要更换纹理的抹胸样板，如图3-84所示。单击右边Object Browser（对象浏览器）中的应用生成新的图层，单击图层，在Property Editor里找到纹理，点击更改即可，如图3-85所示。

图3-84   图3-85

抹胸样板选用了黑色小碎花纹理，如图3-86、图3-87所示。可以自行在网上找自己喜欢的纹理图案。

（2）厚度。由于现在模特身上的抹胸服装较薄，所以需要加厚度。鼠标左键单击"2D窗口"中的抹胸样板，右侧"属性编辑器"中找到"粒子间距"，设置为"15"，"增加厚度—渲染"设置为"1"，如图3-88所示。

图3-86   图3-87   图3-88

3. 上节裙片调整

（1）调整纹理。用"调整移动"工具 ，框选上面两片裙片，点击右侧上方"对象浏览器"中的应用，生成新的图层，改名为"上裙片"，以便于区分，如图3-89所示。

找到"属性编辑器"中的纹理，更改为与抹胸样板一样的纹理。本节我们照样用黑色小碎花纹理，如图3-90、图3-91所示。

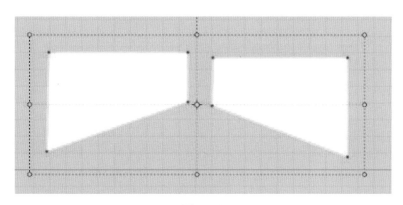

图3-89

图3-90

图3-91

（2）调整厚度。单击"2D窗口"中的上裙片样板，右侧"属性编辑器"中找到"粒子间距"，设置为"15"，"增加厚度—渲染"设置为"0.4"，如图3-92所示。

4. 调整下节裙片

（1）厚度。将其余两片裙片选择"调整样板"工具 ，框选为新图层，如图3-93所示，改名为"下裙片"，便于区分。然后单击下裙片，在"属性编辑器"中找到"例子间距"，设置为"10"，"增加厚度—渲染"设置为"0.4"，如图3-94所示。

（2）抽褶。单击裙片，选择"属性编辑器"→被选择的线打开→"抽褶"打勾，设置间距为"2"，高度为"20"，如图3-95所示。然后进行点击"模拟"工具 即可，如图3-96所示。

图3-92

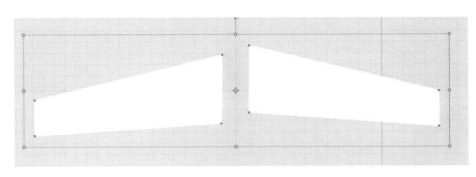

图3-93

图3-94

图3-95

图3-96

七、调整虚拟模特姿势

在左侧 Library 窗口 avatar 中选择 Female_V1 模特中 pose，可以更换姿势，如图3-97、图3-98所示。

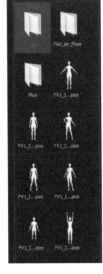

图3-97

图3-98

由于本节模特是脚穿小白鞋，如果需要更换高跟鞋，可以打开左侧Library窗口avatar，选择Female_V1模特中的shoes，进行更改，如图3-99所示。同样，Hair可以更换发型，如图3-100所示。

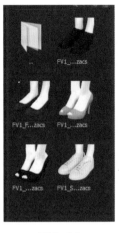 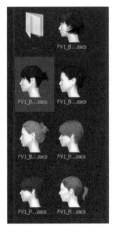

图3-99   图3-100

八、虚拟模特试衣最终效果

如图3-101、图3-102所示为此连衣裙的正面、侧面，在电脑系统中，可以从360°全面观测模特试衣的各种效果表现。裙子的抽褶效果和具体数据设计、面料搭配的效果都一览无余。

图3-101   图3-102

第三节 流苏连衣裙的表现

连衣裙是一种可以展现女性魅力的服装，本节介绍的连衣裙增加了流苏的设计，更加具有时尚感。如图3-103、图3-104所示，本节示范的流苏连衣裙三维虚拟效果展示。

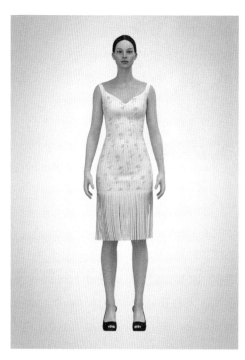

图3-103

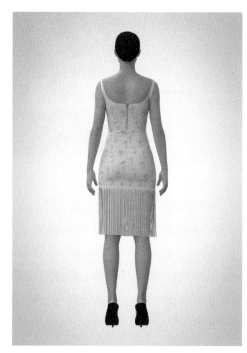

图3-104

一、准备工作

1. 样板导入

主菜单中选择文件→导入→DXF（AAMA/ASTM），打开连衣裙DXF文件，如果样板横向排列或位置不合适，选择"调整板片"工具，将衣片重新排列，如图3-106所示。导入设置时比例选自动，切割线和缝纫线互换，样板自动排列，优化所有曲线，如图3-105、图3-106所示。

2. 设置模特

打开左侧Library窗口avatar，选择Female_V2模特，打开菜单中"虚拟模特编辑器"，在弹出对话框中，将模特的身高设置为"175"，胸围设置为"86"，腰围设置为"66"，如图3-107所示。

图3-105

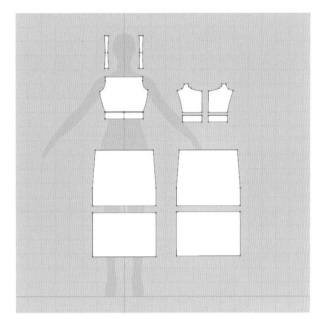

图3-106

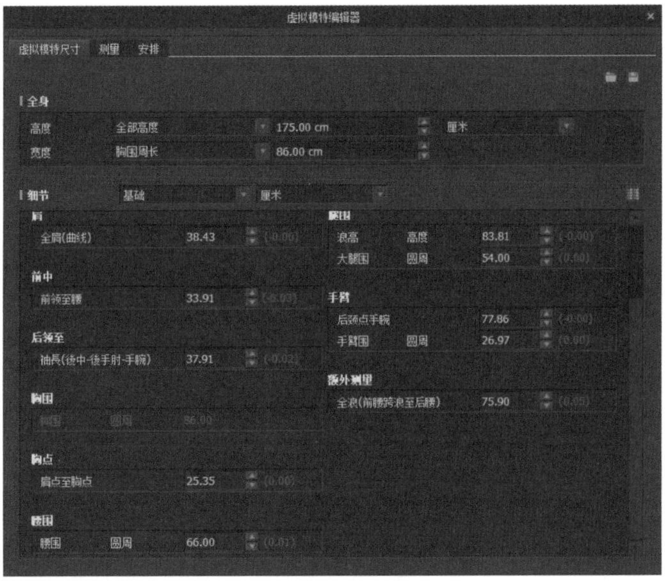

图3-107

二、编辑样板

1. 修改样板形状

左键按 ■，选择"编辑样板"工具，选择直线拖动可以转换成曲线。选择曲线拖动可以调整曲线。

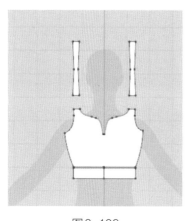

图3-108

左键长按 ■，选择"编辑点/线"工具，选择曲线点拖动修改，也可以追加点以修改曲线形状，得到样板效果，如图3-108所示。

2. 制作内部线

选择"内部多边形/线"工具 ■，在前片画出六条内部线，分别两两成角，如图3-109所示。再选择"编辑样板"工具 ■，选择其中一条线，单击右键，选择切断，如图3-110所示。其余五条线也依次类推，如图3-111所示。删除多余样板。最后框选裙子前片，将前裙片复制（Ctrl+C），右键镜像粘贴（Ctrl+R），复制成后裙片，并将前后裙片和腰头排列好位置，如图3-112所示。

图3-109

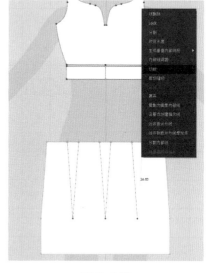

图3-110

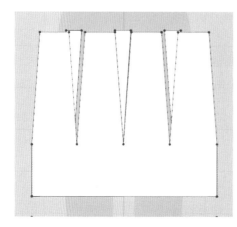

图3-111

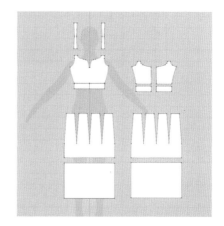

图3-112

注意：不规则服装，如类似包臀裙款式可以在ET服装软件内处理好，再在CLO软件中打开，或者直接在CLO软件内绘制也可以。

三、缝合样板

（1）使用"自由缝纫"工具■，缝合腰部与上下样板。腰头和裙子缝合时，裙子从前中开始，依次与腰头缝合，如图3-113、图3-114所示。

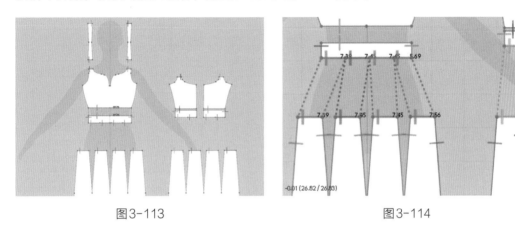

图3-113   图3-114

（2）在后板片使用"拉链"工具■，单击拉链开始的位置，如图3-115所示。双击结束拉链位置，如图3-116所示。另一片方法相同。

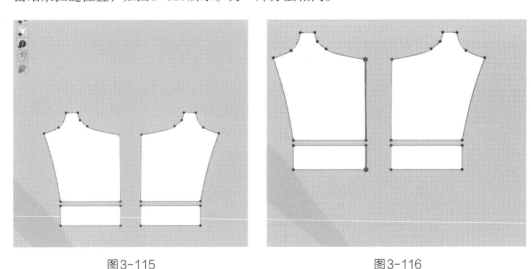

图3-115   图3-116

（3）使用"线缝纫"工具■，将内部线缝合，如图3-117、图3-118所示。

再将左右样板缝合，如图3-119所示，遵循上述操作，依次将裙子左右进行缝合，如图3-120所示。

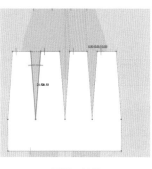

图3-117

图3-118

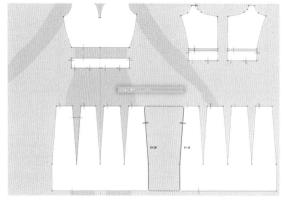

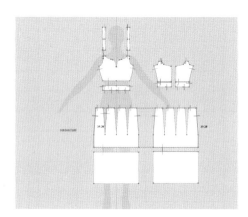

图3-119

图3-120

（4）缝合效果如图3-121所示。

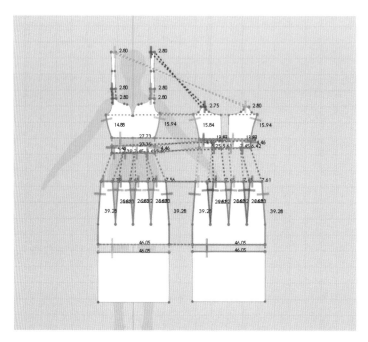

图3-121

在"2D样板窗口"进行缝合，观察"3D窗口"虚拟模特身上的服装，可以看到缝合线迹，检查缝合线迹是否正确，如图3-122所示。

同时，在"2D窗口"中缝纫线对应的位置颜色是相同的，如图3-123所示。

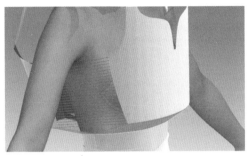
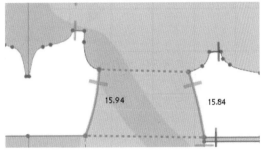

图3-122   图3-123

四、虚拟试衣

1. 重置样板

如果3D服装窗口中的样板和2D窗口中的样板排列不一致，可以进行样板重置。3D服装窗口中按快捷键"Ctrl+A"全选所有样板，用鼠标右键单击"重置2D安排位置（选择的）"，将2D样板窗口的样板同步显示3D的服装窗口中，如图3-124所示。

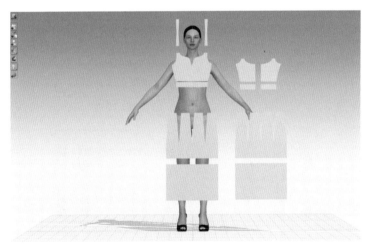

图3-124

2. 设置安排点

打开"3D窗口"的显示安排点，如图3-125所示，也可以用快捷键"Shift+F"打开。鼠标左键单击选中样板，然后单击虚拟模特的安排点。将样板分别安排到虚拟模特上，如图3-126、图3-127所示。

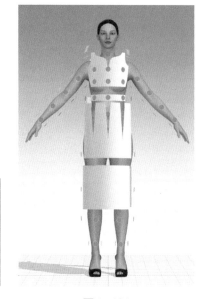

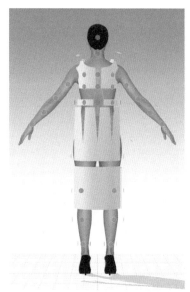

图3-125　　　　　图3-126　　　　　图3-127

3. 虚拟试衣

单击"模拟"工具 ，进行虚拟试衣，效果如图3-128、图3-129所示。

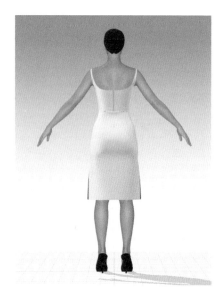

图3-128　　　　　　　　图3-129

五、调整服装外形

在此步骤的操作过程中，由于连衣裙的领口、袖窿和肩线处会因面料的重力而产生变形，为了防止变形有些部位需要加粘衬条和固定针。

1. 粘衬条

鼠标左键单击"2D窗口"中的肩带，右侧会出现Property Editor找到粘衬条，如图3-130所示，设置7，粘衬条下面会出现"增加厚度—渲染"，设置为"1.5"。完成后再依次点击领口、袖窿，重复上述步骤，如图3-131所示。

图3-130

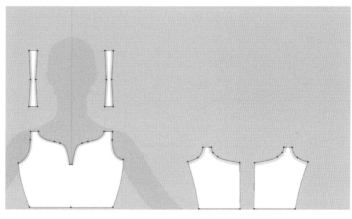

图3-131

最后重新打开"模拟"工具，鼠标左键拖拽服装进行外形调整。

2. 加固定针

肩带会因为太小而不稳定导致滑落，需要在肩带中间加固定针。选择"固定针"工具▋后样板会显示网格状态，如图3-132所示。找到肩带的中间，鼠标左键按住画一个小正方形，小正方形表达了固定针的面积，如图3-133所示。

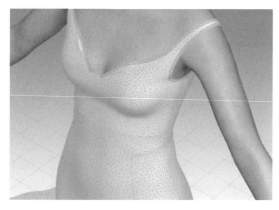

图3-132

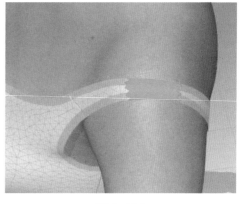

图3-133

六、调整属性

1. 裙子部分

现在所有的样板都在一个图层内，我们需要把裙子样板单独放在一个图层内，属性和纹理颜色等都会比较容易修改。把流苏样板移到一起，选择"调整样板"工具，框选连衣裙的相关样板，如图3-134所示。框选之后单击右边Object Browser（对象浏览器）中的应用，即可生成名为"FABRIC 1"的新图层，然后鼠标右键单击可以修改名称，如图3-135所示。

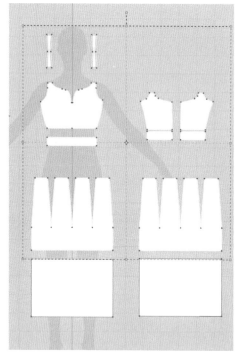

图3-134   图3-135

注意：点击短袖图层后，可以在"属性编辑器"中选择修改自己喜欢的纹理和贴图、颜色、面料类型，如图3-136所示。在Library中的Fabric里面有一些默认面料，如图3-137所示，在打开默认面料后，有一个文件夹叫Normal_Map，里面是一些默认的法线贴图，如图3-138所示。

2. 贴图部分

这件连衣裙选用的颜色是白色，贴图是默认法线贴图的第4个。这些面料与贴图可根据自己的需求所定。选择自己喜欢的面料，可以直接单击左键到样板上即可。选择"贴图"工具，再单击样板会出现一个边框，可以选择纹理、法线贴图、粗糙度图三个选项，可根据自己的需求所定，如图3-139所示。

图3-136

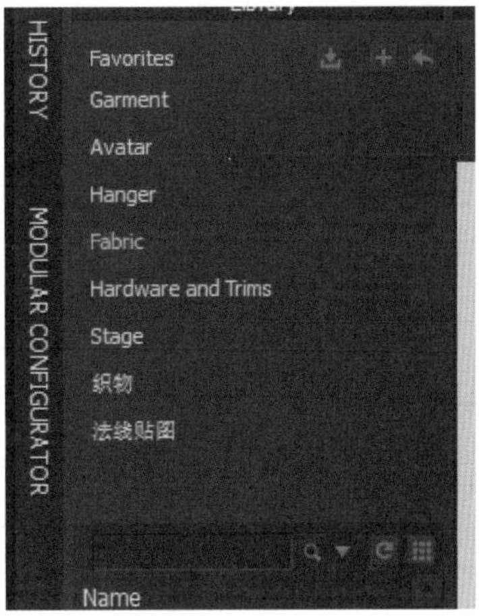

图3-137

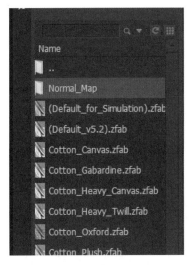

图3-138

图3-139

3. 调整裙子样板

（1）纹理。我们先将裙子样板更换纹理。选择"调整样板"工具，框选我们需要更换纹理的裙子样板，如图3-140所示。点击右边Object Browser中应用生成新的图层，点击图层在Property Editor里找到纹理，点击更改即可。选择的黄底小碎花的纹理图案，如图3-141、图3-142所示。如果需要纹理图案，可以自行在网上搜索自己喜欢的图案。

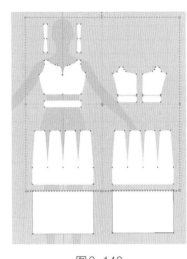

图3-140 图3-141 图3-142

（2）颜色。选择"调整样板"工具，框选即将制作成流苏的相关样板，框选之后单击右边Object Browser中的应用（图3-143），就可以找到与其相关的图层，然后鼠标左键单击，可以看到下方"属性编辑器"。再将其颜色改为与贴图相似的颜色，如图3-144所示。

图3-143 图3-144

左键单击"颜色"，点击"拾色器"，拾取贴图的颜色，点击"确认"，得到效果如图3-145、图3-146所示。

左键单击拉链，出现拉链属性面板，修改拉链颜色，使之能与其他样板颜色和谐。

图3-145   图3-146

七、制作流苏

1. 方法一

长按左键"编辑样板"工具 ▓ 选择"加点/分线"工具 ▓ ，在对应的样板下边加点，如图3-147所示。右键点击，得到分割线面板。将按照长度分段的线段长度调整为"0.8"。不断点击增加符号，通过视图去确认最终分割的数量，如图3-148所示，点击"确认"。

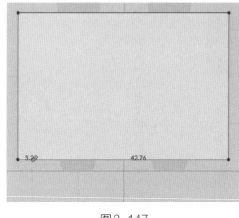

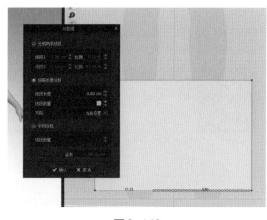

图3-147   图3-148

选择"编辑样板"工具 ▓ ，用两个点跳一个点的方法对样板进行分割，如图3-149所示，得到效果如图3-150所示。

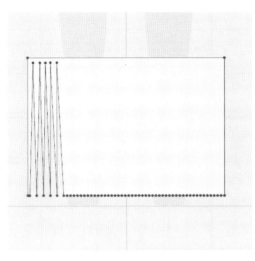

图3-149

图3-150

2. 方法二

选择"编辑样板"工具 ■，选择边线，右键选择内部线间距，如图3-151所示，得到内部线间距面板，间距设为"0.5"，不断点击，点击增加符号，通过视图去确认最终分割的数量，如图3-152所示，完成分割。

图3-151

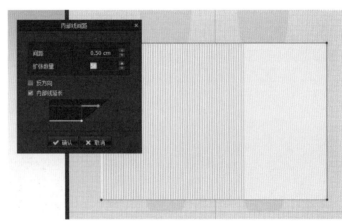

图3-152

选择锁定2D面板中的"锁定样板外轮廓"工具，如图3-153所示，所有样板外轮廓变为灰色。框选需要移动位置的内部点，按住Shift键保持水平移动，再按鼠标右键，会出现移动距离面板，将移动距离设置为"1.5"，如图3-154所示。

框选全部内部线，如图3-155所示，点击鼠标右键，选择切断，如图3-156所示，得到流苏效果，如图3-157所示。

注意：进行模拟前，重复上述步骤，将后片样板也变成想要的流苏效果。

图3-153　　　　　　　　　　　　　图3-154　　　　　　　　　　　　　图3-155

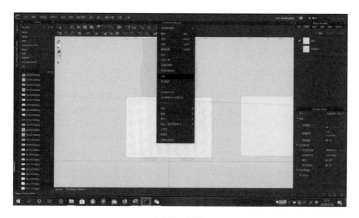

图3-156　　　　　　　　　　　　　　　　　　图3-157

八、调整属性

1. 流苏属性调整

关闭锁定2D面板中的"锁定样板外轮廓"工具，框选流苏样板，如图3-158所示，将右下角调整面板中的粒子间距修改为"5"，把渲染冲突修改为"1.5"，渲染厚度为"1.5"，如图3-159所示。然后进行模拟，模拟效果如图3-160、图3-161所示。

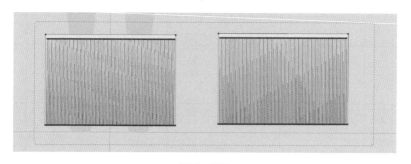

图3-158

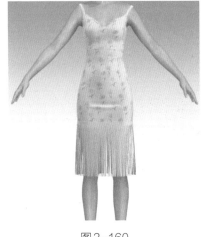

图3-159 　　　　　　　　　图3-160 　　　　　　　　　图3-161

2. 裙子属性调整

框选裙子的相关样板，将右下角调整面板中的粒子间距修改为"10"，把增加厚度—冲突设置为"2"，增加厚度—渲染厚度设置为"1"，如图3-162所示，然后进行模拟。

可以打开左侧Library窗口avatar，选择Female_V2模特的中的Pose进行更改，如图3-163、图3-164所示。

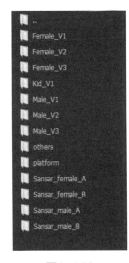

图3-162 　　　　　　　　　图3-163 　　　　　　　　　图3-164

九、最终效果展示

如图3-165所示，可以360°地观察设计效果，面料和款式的关系、面料和样板的关系、样板和人体的关系等，都可以有非常直观的感受，不满意的地方可以立即进行相关环节的调整，非常便捷。

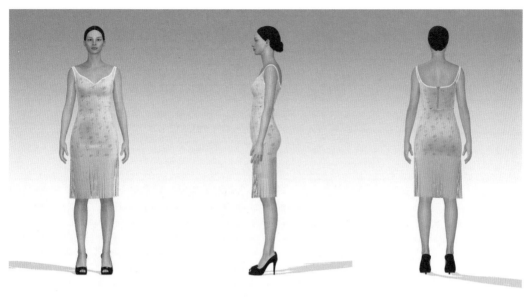

图 3-165

第四节　复古灯笼袖裙的表现

　　本节案例是通过LookstailorX3D打板，ET调整再导入CLO3D中，直接缝合制作，主要内容讲解复古灯笼袖的制作，款式图如图3-166、图3-167所示。

图 3-166

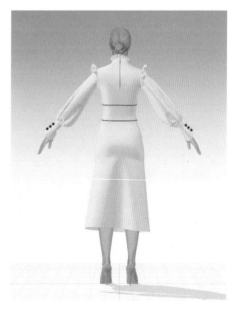

图 3-167

一、设置模特、导入纸样

在主菜单中选择"文件→导入→DXF（AAMA/ASTM）"，打开欧式灯笼袖裙的DXF文件，如果样板是横向排列，则选择"调整样板"工具将样板排列，如图3-168所示。

图3-168

选择菜单"虚拟模特→虚拟模特编辑器"，在弹出的对话框中，选择虚拟模特尺寸选项卡，将虚拟模特的高度（身高）设置为"176cm"，胸围设置为"84cm"。

二、样板处理

1. 复制对称面板

选择"调整样板"工具 ，选择需要对称的样板，单击鼠标右键，在弹出的菜单中选择"对称样板（样板和缝合线）"，如图3-169所示，然后按住Shift键，形成对称样板，在适合位置点击鼠标左键，将形成的对称样板放到合适位置，此时可以看到具有连动关系的样板轮廓线为蓝色，如图3-170所示。由于这样形成的对称样板具有连动关系，所以缝纫线线迹部分也对称，如图3-171所示。

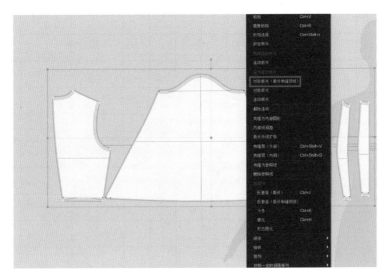

图3-169

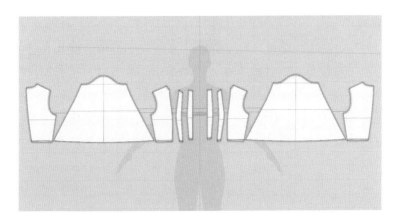

图3-170

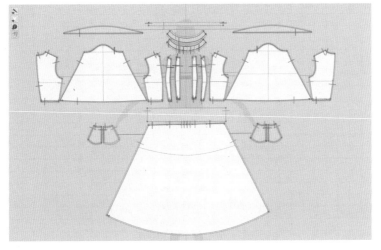

图3-171

2. 缝合前片

将前片、后片，前后肩线、侧缝线分别缝合，如图3–172所示。

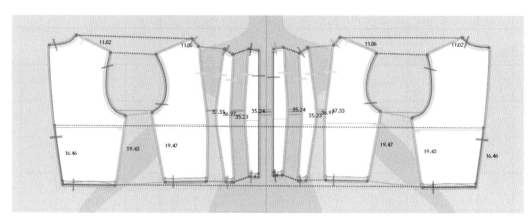

图3–172

3. 缝合袖片

选择 M∶N 线段"自由缝制"工具 ，将袖片和袖窿、袖克夫缝合。首先从后片腋下点开始，用鼠标点击后片腋下点，然后点击后片肩点，接着用鼠标依次点击前片肩点、前片腋下点，此时两条缝纫线变成黄绿色，单击 Enter 键，缝纫线变成绿色，再依次点击袖片袖山左点、袖片袖山右点，再单击 Enter 键，从而完成袖窿与袖片缝合，再将袖口与袖克夫缝合即可。继续使用同样方法完成右边袖片和袖窿、袖克夫缝合，如图3–173所示。

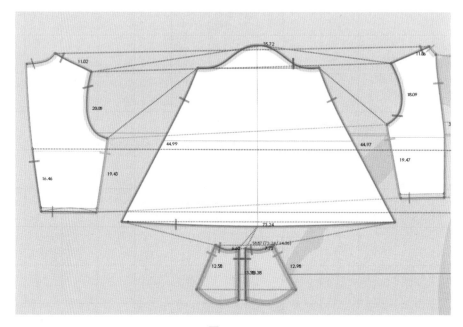

图3–173

4. 放置装饰纽扣

在 3D 服装窗口点击"纽扣"工具 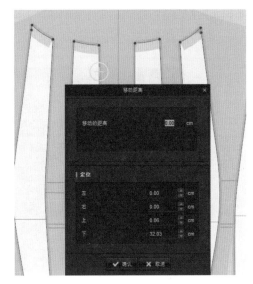，在 2D 样板窗口的左衣片位置处点击左键放置第一个纽扣，如果需要设置纽扣上下左右到样板边缘的距离，则直接点击鼠标右键，弹出"移动距离"对话框，在"定位"框中输入上下左右的数值，然后点击"确定"即可，如图3-174所示。

选择"选择/移动纽扣"工具 ，点击选中左衣片上的纽扣，按快捷键"Ctrl+C"，复制该纽扣，使用快捷键"Ctrl+V"粘贴出纽扣，然后按住Shift键，鼠标沿着门襟线向下移动，在合适的位置单击鼠标右键，松开

图3-174

Shift键，在弹出的"粘贴"对话框中的"间距"栏输入"70"，"扣子/扣眼数量"栏输入组扣的数量为"6"，点击"确认"按钮。最后生成的纽扣效果如图3-175所示。继续使用同样方法，完成袖克夫的装饰扣。

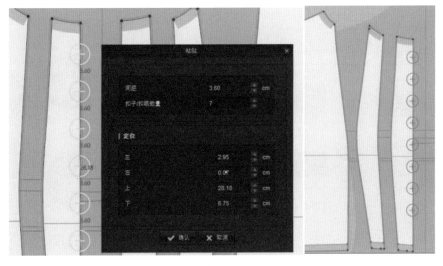

图3-175

5. 设置纽扣属性

在物体窗口点击"纽扣"选项卡，默认情况下，只有 Default Button 一种组扣类型，点击此组扣类型，则2D样板窗口中的所有纽扣轮廓都变为红色，说明所有纽扣都属于此纽扣类型。然后在"属性窗口→图形"栏中点击下拉按钮，可以选择不同的纽扣类型，如图3-176所示。

在"属性窗口→宽度"栏中可修改纽扣直径，现将宽度值改为"2cm"。然后在"属性窗口→厚度"栏中可修改纽扣厚度，现将厚度值改为"1.6cm"，如图3-177所示。

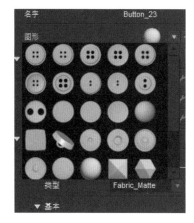

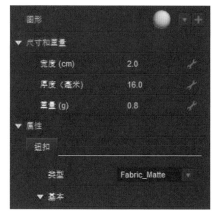

图3-176   图3-177

在"属性窗口→属性→纹理"栏中选择本地贴图后，可以修改组扣的纹理，如图3-178、图3-179所示。

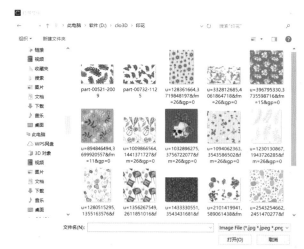

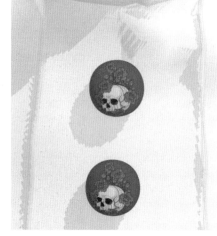

图3-178   图3-179

在"属性窗口→属性→颜色"栏中可以修改组扣的颜色，如图3-180、图3-181所示。

在"属性窗口→属性→类型"栏中可以选择不同的纽扣材质，包括Fabric_ General（常规）、Fabric Shiny（发光）、Leather（皮革）、Metal（金属）和Plastic（塑料）五种。

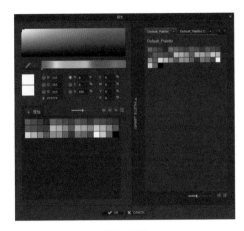 

图3-180   图3-181

三、纸样安排

1. 重设2D面板

如果3D服装窗口中的样板和2D窗口中的样板排列不一致，可以进行样板重设。2D样板窗口中按快捷键"Ctrl+A"全选所有样板，鼠标右键单击"重设2D安排位置（选择的）"工具，将样板窗口中的样板同步显示到3D服装窗口中，如图3-182所示。

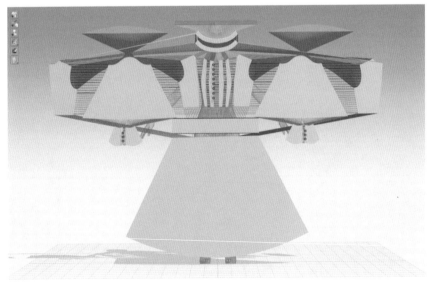

图3-182

2. 隐藏缝纫线

在虚拟模特面板中点击"显示3D服装"，再选择"显示缝纫线"，缝合线隐藏，如图3-183所示。

图3-183

3. 安排前后片

在虚拟模特窗口中，打开安排点，将前后样板安排在身体周围。安排完前后样板，如图3-184~图3-186所示。

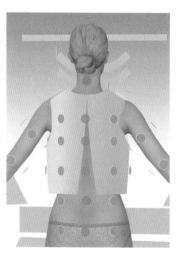

| 图3-184 | 图3-185 | 图3-186 |

4. 安排袖片

单击袖克夫，将袖克夫安排在手腕处，单击袖子，将袖子安排好位置，然后"属性窗口→安排→距离"栏中，将其改为"70"，效果如图3-187~图3-190所示。

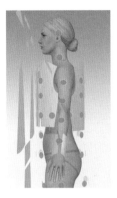
图3-187

图3-188

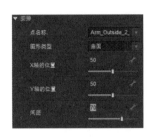
图3-189

图3-190

5. 安排裙子样板

单击选中裙子样板，将裙子安排好位置，然后"属性窗口→安排→距离"栏中，将其改为"45"，效果如图3-191、图3-192所示。为了防止样板之间冲突，我们可以在这一步将腰头反激活，鼠标右键点击腰头，在弹出的菜单中选择"反激活（样板和缝纫线）"。

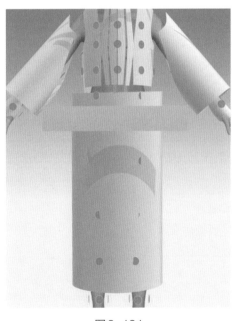
图3-191

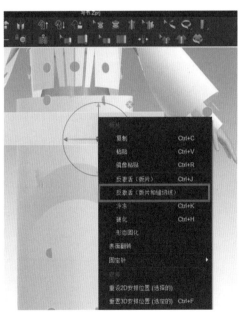
图3-192

6. 安排领片及小部件

单击领面，然后选择离虚拟模特比较近的颈部安排点，将其安排在身体周围（缝合口朝向后面，后面我们会加拉链）。将其余的小部件反激活，如图3-193、图3-194所示。

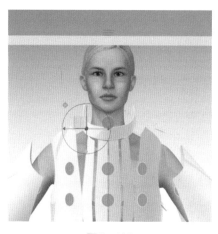

图3-193　　　　　　　　　　　图3-194

四、成衣试穿

成衣试穿步骤包括：设定层次→硬化→模拟→解除硬化→加嵌条、衬→加拉链这几个步骤。

1. 设定层次

在2D窗口中点击"设定层次"工具 ，点击腰头，此时腰头边缘变为绿色，鼠标拖动红色箭头，再点击裙子样板即可，如图3-195所示。

图3-195

2. 硬化样板

按快捷键"Ctrl+A"，全选面料，鼠标右键点击面料，选择菜单中的"硬化"，面料变成黄色即可，如图3-196、图3-197所示。

图3-196

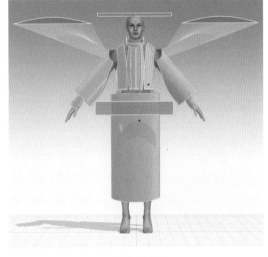

图3-197

3. 模拟

点击3D窗口中的"模拟"工具 ⬇️，调整好其余样板位置，激活即可，如图3-198所示。

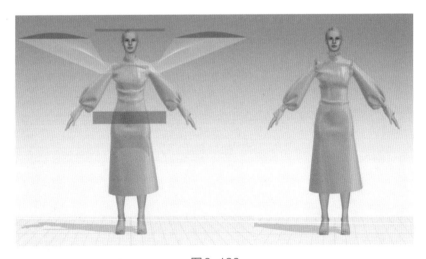

图3-198

4. 解除硬化

按快捷键"Ctrl+A"，全选面料，鼠标右键点击面料，选择菜单中的"解除硬化"，面料变成白色即可，如图3-199所示。

图3-199

5. 加嵌条、衬

（1）加嵌条。在3D窗口中选择"嵌条"工具 ，点击前片领口分割线上的起始点，此时出现蓝线，继续拖动鼠标到分割线终点。其他三条按同样方法完成即可，如图3-200、图3-201所示。

图3-200

图3-201

（2）加衬。

①在2D窗口中选择"贴衬条"工具 ，将光标放到所需添加衬条样板的边缘，此时边缘变为蓝色，然后鼠标左键单击，变为黄线即可，如图3-202所示。

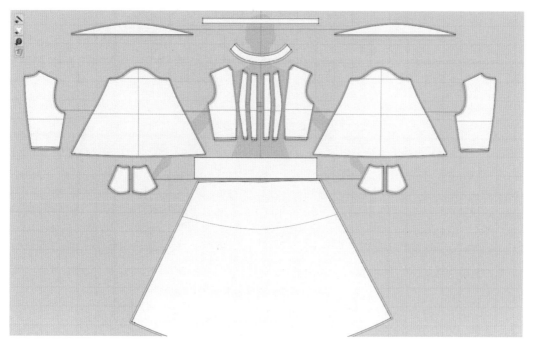

图3-202

②在2D窗口中选择"调整样板"工具 ▲，点击所需添加衬的样板，然后在属性面板中找到"粘衬/削薄"勾选"粘衬"，如图3-203、图3-204所示。

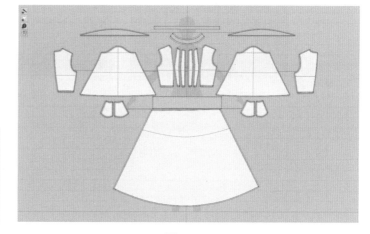

图3-203　　　　　　　　　　　图3-204

6. 加拉链

（1）在3D窗口中选择"拉链"工具 ▉，点击后片领口，拖动鼠标形成蓝色的线，把光标拖到闭合处，双击鼠标左键，线变成灰色，即完成一侧拉链，按同样方法完成另一侧拉链，如图3-205~图3-208所示。

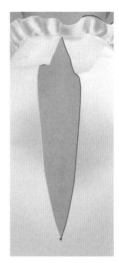

图3-205   图3-206   图3-207   图3-208

（2）在3D窗口中选择"选择/移动"工具，点击拉链头，在属性面板中找到种类和格式，可更换拉头和拉片的种类和大小。点击拉链条，可在属性面板中调整拉链宽窄，如图3-209、图3-210所示。

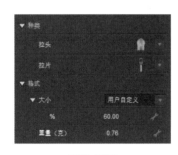
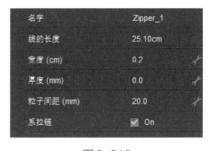

图3-209   图3-210

五、设置面料、图案、面料属性、姿态及渲染

1. 设置面料

（1）按快捷键"Ctrl+A"，全选样板，在Library图库找到面料一层"Fabric"或者自己添加的面料，找一款针织面料，用鼠标左键点击拖到所选择的样板即可，如图3-211、图3-212所示。

（2）选择肩和领的三块装饰样板，按照同样方法更换纱质面料即可，如图3-213、图3-214所示。

图3-211

图3-212

图3-213

图3-214

2. 设置面料属性

在Object Browser对象浏览器中点击衣服样板，此时样板边缘变为红线，然后在Property Editor属性面板找到物理属性，将面料属性改为相应属性，其他相应属性也可以更改，如图3-215、图3-216所示。

图3-215

图3-216

3. 图案

（1）在工具框选择"贴图"工具 ▦，跳出窗口，选择自己喜欢的图案，鼠标单击打开，在想要放置图案的位置单击鼠标左键，再点击"调整贴图"工具 ▦，点击图案，即可编辑图案大小，如图3-217、图3-218所示。

（2）点击图案，可以在属性面板编辑图案属性，如图3-219所示。

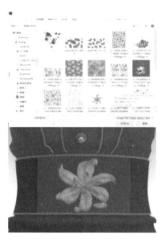

图3-217 　　　　　　　　　 图3-218 　　　　　　　　　 图3-219

4. 姿态

（1）在"Library"选择模特相应位置，点击"Pose"文件夹，选择自己喜欢的动作，如图3-220~图3-222所示。

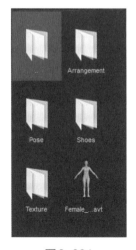

图3-220 　　　　　　　　　 图3-221 　　　　　　　　　 图3-222

（2）如果没有喜欢的"Pose"，也可以自己去调，在3D窗口面板中点击"显示→虚拟模特→显示X-Ray结合处"，进行调整，如图3-223所示。效果如图3-224所示。

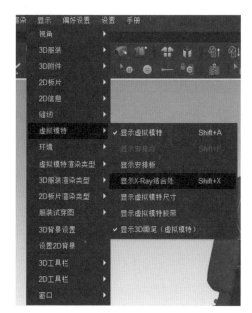

图3-223

图3-224

5. 渲染

关掉"模拟"工具 ![icon]，点击"渲染"，在弹出的渲染窗口中选择"同步渲染"工
具 ![icon]，然后选择"图片/视频属性"工具 ![icon]，可以编辑渲染大小、文件路径等，如
图3-225所示。如图3-226所示为最终效果图表现。

图3-225

图3-226

第三章 3D 服装设计基础应用

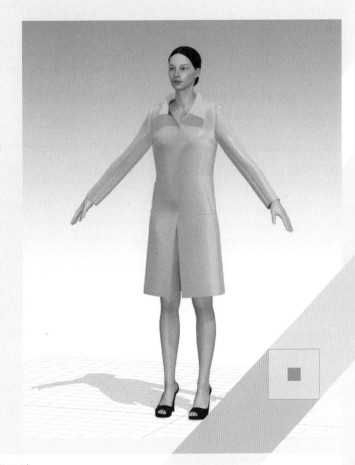

第四章

3D 立体裁剪与模块化设计

课题名称： 3D立体裁剪与模块化设计

课题内容： 1. 3D立体裁剪

2. 模块化应用设计技巧

上课时数： 6课时

教学目的： 熟悉3D服装设计软件立体裁剪操作方法，掌握虚拟模特胶带等立体裁剪工具。掌握3D服装设计软件模块化处理方法，增强学生处理板型能力，提高学生服装虚拟建模操作能力。

教学方式： 1. 教师通过电脑演示软件操作，示范女装、男装原型的3D立裁方法、服装模块化构成技巧。

2. 学生操作练习，通过课后作业案例练习巩固知识点，以及数字教学资源加深理解软件工具的使用方法。

教学要求： 要求学生能够独立完成男、女上装衣身立体裁剪样板操作方法，培养学生对3D立体裁剪的理解。通过本结课程学习，要求学生掌握外套模块化的制作流程，培养学生对模块化缝合的理解能力。

课前（后）准备： 1. 课前通过教学资源库，熟悉虚拟模特胶带、模块化缝制功能使用，以及布料制作男女上身原型的立体裁剪操作过程。

2. 课后拓展所学知识，完成女裙原型、男装直筒裤 3D 立体裁剪服装制作。

3. 提前安装好课程所需软件。

第一节　3D 立体裁剪

立体裁剪是一个含义丰富的专业术语，在服装行业内使用频繁。软而沉重的布料悬垂性好，可以产生美丽的悬褶，用立体裁剪的方法可以制作出赋予人体表现力的时装。立体裁剪是服装设计的一种造型手法。其方法是选用与面料特性相接近的试样布，直接披挂在人体模型上进行裁剪与设计，故有"软雕塑"之称，具有艺术与技术的双重特性。

一、绘制虚拟模特基础线

1. 绘制横向基础线

（1）运用"虚拟模特圆周胶带"工具█，单击虚拟模特 BP 点，按下 Shift 键，在水平辅助线上选择两点单击左键，绘制胸围线，如图 4-1 所示。

（2）运用"虚拟模特圆周胶带"工具█，单击虚拟模特腰围最细点，按下 Shift 键，在水平辅助线上选择两点单击左键，绘制腰围线，如图 4-2 所示。

（3）以相同方式单击虚拟模特侧颈点，按下 Shift 键，在辅助线上两点单击左键，绘制颈围线，如图 4-3 所示。

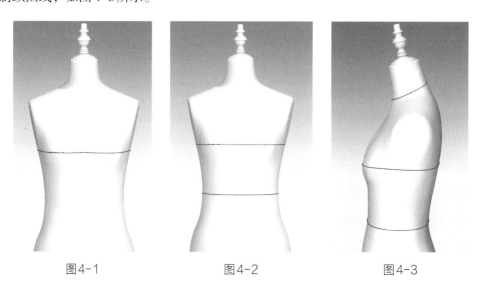

图4-1　　　　　　　　图4-2　　　　　　　　图4-3

2. 绘制纵向基础线

（1）运用"线段虚拟模特胶带"工具█，按下 Shift 键，在后中辅助线上单击，双击完成背长线绘制（图 4-4）。

（2）运用"线段虚拟模特胶带"工具█，按下 Shift 键，在前中辅助线上单击，双击完成前中线绘制（图4-5）。

（3）运用"线段虚拟模特胶带"工具 ![icon]，按下Shift键，在侧缝辅助线上单击，双击完成侧缝线绘制（图4-6）。

（4）运用"线段虚拟模特胶带"工具 ![icon]，按下Shift键，在虚拟模特肩部辅助线上单击，双击完成肩线绘制（图4-7）。

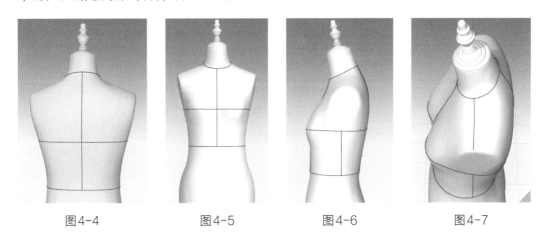

图4-4　　　　　图4-5　　　　　图4-6　　　　　图4-7

二、前片制作

1. 绘制前片

（1）运用"长方形"工具 ![icon]，用快捷键S，2D视窗人体剪影上绘制一个适当大小的长方形（图4-8）。

（2）运用"内部多边形/线"工具 ![icon]（快捷键G），绘制一条胸围辅助线（图4-9）。

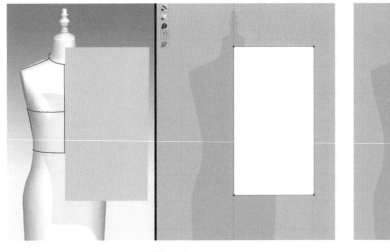

图4-8　　　　　　　　　　图4-9

2. 调整前片

（1）运用"贴覆到虚拟模特胶带"工具 ▉，点击样板前中线，再点击虚拟模特前中线胶带（图4-10）。

（2）运用"贴覆到虚拟模特胶带"工具 ▉，点击样板胸围线，再点击虚拟模特胸围线胶带（图4-11）。

（3）选择"模拟"工具 ▉（图4-12）。

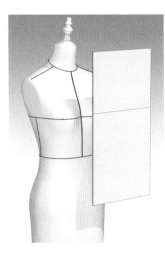 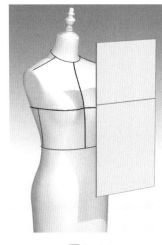 

图4-10　　　　　　　　图4-11　　　　　　　　图4-12

（4）选择"贴覆到虚拟模特胶带"工具 ▉，点击样板侧缝线，再点击虚拟模特侧缝线胶带（图4-13）。

（5）进行样板的边缝调整，调整到想要的边缝效果（图4-14）。

（6）运用"固定到虚拟模特上"工具 ▉，点击样板，再点击侧颈点（图4-15）。

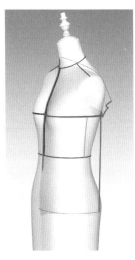  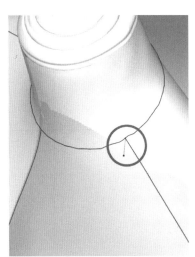

图4-13　　　　　　　　图4-14　　　　　　　　图4-15

（7）运用"模拟"工具 ▨（图4-16）。

（8）运用"3D笔（服装）"工具 ▨，在样板上绘制领弧线辅助线，按住Ctrl键进行曲线绘制，单击起始点，双击结束点，完成绘制（图4-17）。

（9）运用"编辑3D画笔（服装）"工具 ▨，在刚才绘制的领弧线辅助线上右键单击，点击"勾勒成内部图形"（图4-18）。

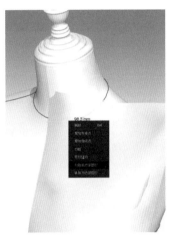

图4-16　　　　　　　　　　　图4-17　　　　　　　　　　　图4-18

（10）在2D视窗上运用"编辑曲线点"工具 ▨（快捷键V），右键单击曲线上的点，选择"点删除"，将曲线调整圆顺（图4-19）。

（11）运用"调整样板"工具 ▨（快捷键A），右键单击曲线，点击"切断"，如图4-20所示，切断后如图4-21所示。

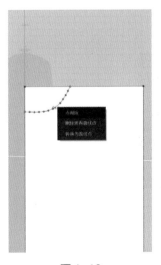

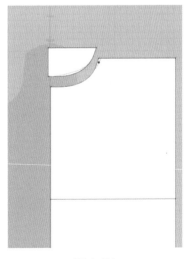

图4-19　　　　　　　　　　　图4-20　　　　　　　　　　　图4-21

（12）运用"调整样板"工具 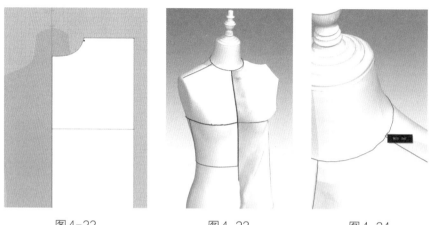（快捷键A），左键单击切割出来的样板，按Delete键删除（图4-22）。

（13）在3D视窗上，运用"贴覆到虚拟模特胶带"工具 ▊，重新将前中线和胸围线贴覆至虚拟模特对应胶带上，并点击"模拟"工具 ◆（图4-23）。

（14）运用"编辑假缝"工具 ▊，右键单击样板上的固定点，点击"删除"（图4-24）。

| 图4-22 | 图4-23 | 图4-24 |

（15）运用"编辑曲线点"工具 ▊（快捷键V），按鼠标左键拖动线段，调整到领弧线辅助线位置（图4-25）。

（16）运用"内部多边形/线"工具 ▊（快捷键G），在样板上绘制肩斜线（图4-26）。

（17）运用"调整样板"工具 ▊（快捷键A），左键单击肩斜线，再右键单击，选择"切断"（图4-27）。左键单击切割出来的样板，按Delete键删除（图4-28）。

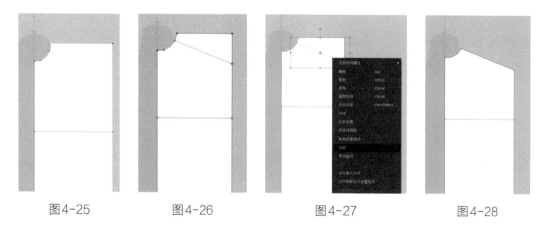

| 图4-25 | 图4-26 | 图4-27 | 图4-28 |

（18）运用"贴覆到虚拟模特胶带"工具 ▊，重新将前中线、胸围线、领弧线、肩斜线、侧缝线贴覆至虚拟模特对应胶带上，并点击"模拟"工具 ◆（图4-29）。

（19）运用"3D笔（服装）"工具 ▊，样板上绘制前袖窿辅助线，按住Ctrl键，进行曲线绘制，单击起始点，双击结束点，完成绘制（图4-30）。

（20）运用"编辑3D画笔（服装）"工具 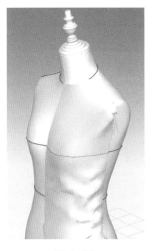，在已绘制的前袖窿辅助线上右键单击，点击"勾勒成内部图形"（图4-31）。

图4-29

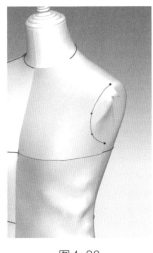
图4-30

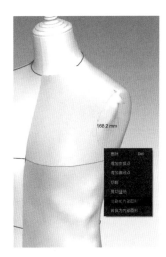
图4-31

（21）在2D视窗上运用"编辑曲线点"工具 ，用快捷键V，右键单击曲线上的点，并把曲线调整圆顺（图4-32）。

（22）运用"调整样板"工具 ，用快捷键A，右键单击曲线，点击"切断"（图4-33），并左键单击切断的样板，按Delete键删除（图4-34）。

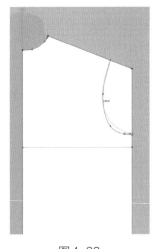
图4-32

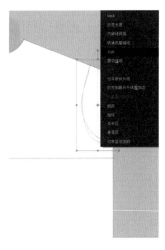
图4-33

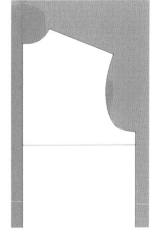
图4-34

（23）在3D视窗上，运用"贴覆到虚拟模特胶带"工具 ，重新将前中线、胸围线、肩线、侧缝线贴覆至虚拟模特对应胶带上，并点击"模拟"工具 （图4-35）。

（24）打开"应力图"工具 ，试图查看服装效果，根据效果调整样板（图4-36）。

（25）重点调整胸围线、侧缝线、袖窿弧线位置，至应力图显示处于舒适状态（图4-37）。

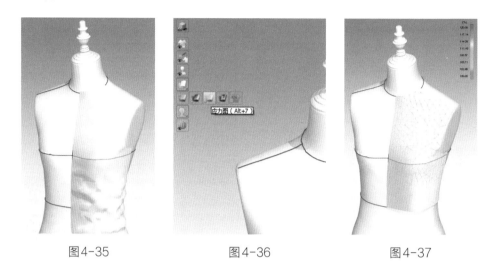

图4-35　　　　　图4-36　　　　　图4-37

（26）运用"假缝"工具，在适当位置左键单击进行假缝（图4-38），并运用"模拟"工具（图4-39）。

（27）运用"内部多边形/线"工具，用快捷键G，找到BP点，进行内部线编辑，单击起始点，双击结束点（图4-40）。

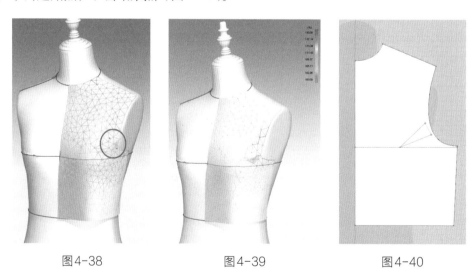

图4-38　　　　　图4-39　　　　　图4-40

（28）运用"编辑样板"工具，用快捷键Z，按住Shift键，左键单击内部线，右键单击选择"对齐到样板外线增加点"（图4-41）。

（29）运用"加点/分线"工具，用快捷键X，在袖弧线的两点中间新增一点（图4-42）。

（30）运用"编辑样板"工具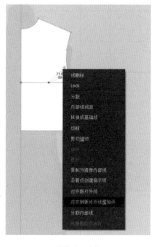，用快捷键Z，拖动新增的中间点至BP点（图4-43）。

图4-41

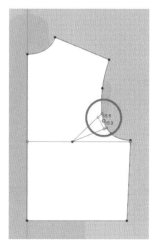
图4-42

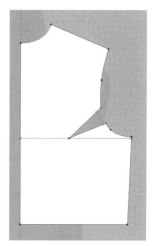
图4-43

（31）运用"编辑样板"工具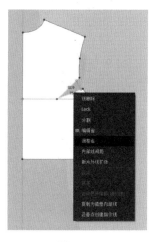，按快捷键Z，按住Shift键，左键单击省道（图4-44）。

（32）把省道调整到合适的位置后，按Enter键（图4-45）。

（33）运用"线缝纫"工具，按快捷键N，缝纫省道（图4-46）。

图4-44

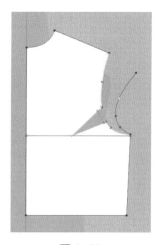
图4-45

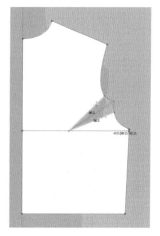
图4-46

（34）运用"内部多边形/线"工具，按快捷键G，从BP点开始作垂直线（图4-47）。

（35）运用"编辑点/线"工具，右键单击腰线的垂直点，选择"对齐到样板外线增加点"，并删除刚作的垂直线（图4-48）。

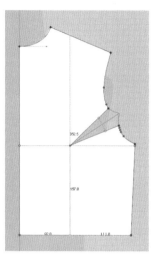
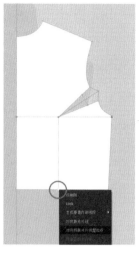

图4-47   图4-48

（36）右键单击腰线的垂直点，选择"增加省"（图4-49），并设置省道数据
（图4-50）。由于胸腰省不能直接对着BP点，所以需调整角度。

（37）运用"调整样板"工具（快捷键A），全选前样板右键单击，选择"对称
面板（样板与缝纫线）"（图4-51）。

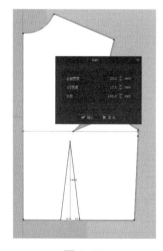
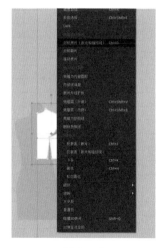

图4-49   图4-50   图4-51

（38）运用"贴覆到虚拟模特胶带"工具，将复制前片的前中线、胸围线、肩
线、侧缝线贴覆至虚拟模特对应胶带上，并运用"线缝纫"工具，用快捷键N，缝
合前片（图4-52）。

（39）运用"模拟"工具，并在2D视窗运用"编辑样板"工具，用快捷键Z，
调整样板至最佳位置，完成前片制作（图4-53）。

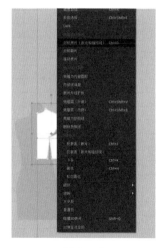

图4-52　　　　　　　　图4-53

三、后片制作

（1）运用"长方形"工具▨，用快捷键S，绘制一个适当大小的长方形（图4-54）。

（2）右键单击长方形选择"水平翻转"（图4-55），并拖动到虚拟模特背后（图4-56）。

图4-54　　　　　　　图4-55　　　　　　　图4-56

（3）运用"内部多边形/线"工具▨，用快捷键G，绘制一条胸围辅助线（图4-57）。

（4）运用"贴覆到虚拟模特胶带"工具▨，将后中线和胸围线贴覆至虚拟模特对应胶带上，并点击"模拟"工具▨（图4-58）。

（5）运用"3D笔（服装）"工具▨，在样板上绘制领弧线辅助线，按住Ctrl键进行曲线绘制，单击起始点，双击结束点，完成绘制（图4-59）。

图4-57 图4-58 图4-59

（6）运用"编辑3D画笔（服装）"工具 ，在刚才绘制的领弧线辅助线上右键单击，点击"勾勒成内部图形"（图4-60）。

（7）运用"调整样板"工具 ，用快捷键A，右键单击曲线，点击"切断"（图4-61），切断后并按Delete键删除（图4-62）。

图4-60 图4-61 图4-62

（8）运用"内部多边形/线"工具 （快捷键G），绘制一条肩斜线，单击起始点，双击结束点（图4-63）。

（9）运用"调整样板"工具 （快捷键A），右键单击曲线，点击"切断"（图4-64），切断后并按Delete键删除（图4-65）。

（10）在3D视窗上，运用"贴覆到虚拟模特胶带"工具 ，将领围线、肩线、侧缝线、后中线、胸围线贴覆至虚拟模特对应胶带上，并点击"模拟"工具 （图4-66）。

（11）打开"应力图"工具 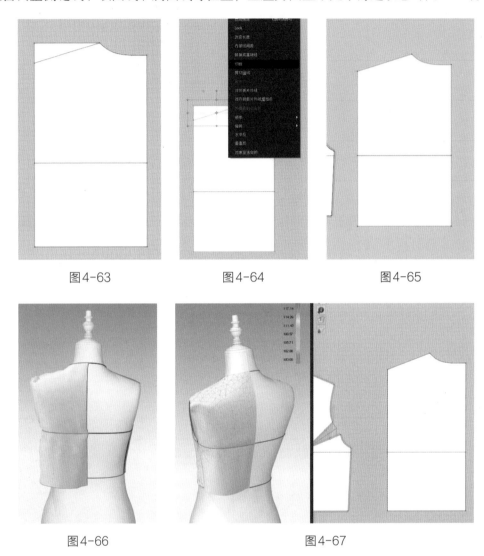，试图查看服装效果，根据3D视窗服装效果，在2D视窗调整侧缝线、领围线、胸围线等位置，至应力图显示处于舒适状态（图4-67）。

图4-63　　　　　　　图4-64　　　　　　　图4-65

图4-66　　　　　　　　　　　图4-67

（12）运用"3D笔（服装）"工具 ，在样板上绘制后袖窿辅助线，按住Ctrl键进行曲线绘制，单击起始点，双击结束点，完成绘制（图4-68）。

（13）运用"编辑3D画笔（服装）"工具 ，在刚才绘制的后袖窿辅助线上右键单击，点击"勾勒成内部图形"（图4-69）。

（14）在2D视窗上运用"编辑曲线点"工具 （快捷键V），把曲线调整圆顺。

（15）运用"调整样板"工具 （快捷键A），右键单击曲线，点击"切断"（图4-70），并左键单击切断的样板，按Delete键删除。

（16）在3D视窗上，运用"贴覆到虚拟模特胶带"工具 ，重新将后中线、胸围线、肩线、侧缝线贴覆至虚拟模特对应胶带上，并点击"模拟"工具 （图4-71）。

| 图4-68 | 图4-69 | 图4-70 | 图4-71 |

（17）在后片作一条省道收去多余的量（图4-72），再运用"线缝纫"工具，用快捷键N，缝纫省道、前后片（图4-73）。

（18）运用"调整样板"工具，快捷键A全选后，样板右键单击，选择"对称面板（样板与缝纫线）"（图4-74），再运用"线缝纫"工具，用快捷键N将两个后片缝纫。

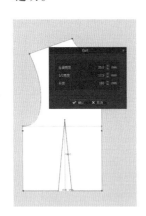

| 图4-72 | 图4-73 | 图4-74 |

四、成品展示

最终的成品效果展示如图4-75所示。

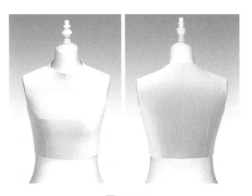

图4-75

第二节　模块化应用设计技巧

通过模块化应用设计技巧的练习，使学生在模块设计应用制作过程中进行思考，掌握模块化工具使用方法，准确设置样板与模块框缝合。增强学生对板型的理解能力，从而达到提高学生的工艺缝制能力的效果。本章以女款外套为例，完成模块化应用设计。

在模块化的模式下，根据样板所选取的模块，通过设置样板与模块间的缝合，完成女款外套的3D虚拟试衣。样板与模块间的缝合是这块的重点和难点。

一、样板导入及校对

1. 样板导入

在Avatar目录中双击选取一名模特。再点击软件窗口上的文件→导入→DFX（AAMA/ASTM），将服装样板导入CLO Standalone，如图4-76所示。

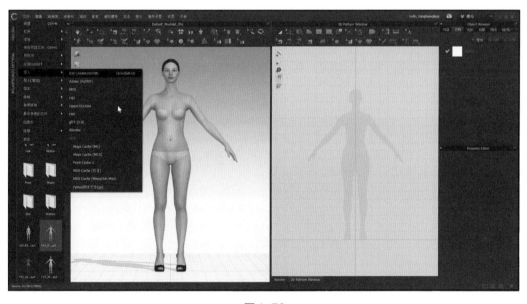

图4-76

2. 样板校对

选择"调整板面"工具 ，将导入的样板对应移动到2D板面内的3D虚拟模特剪影的位置上，如图4-77所示。

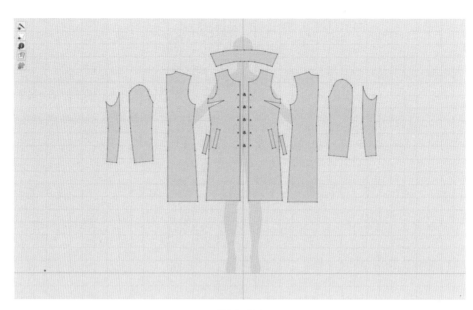

图4-77

二、3D安排样板

切换3D窗口，并在3D窗口的左上角找到"显示虚拟模特"工具 ，接着选择"显示安排点"工具 。运用"选择/移动"工具 ，将样板放到合适的安排点位置上。如图4-78所示。

图4-78

三、模块化的设置

1. 模块导入

（1）点击在软件窗口右上角的模式选择，在选项中选择"模块化"，如图4-79所示。

（2）在模板编辑器中找到"模块模板预设值"。然后在弹出的小窗口中点击Cost→Basic→确认，如图4-80、图4-81所示。

图4-79

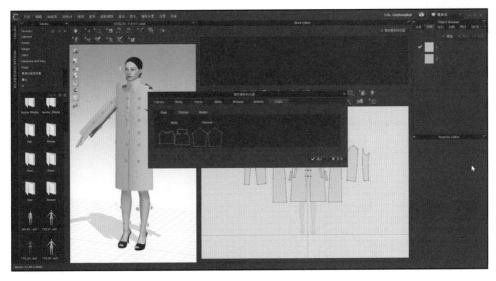

图4-80

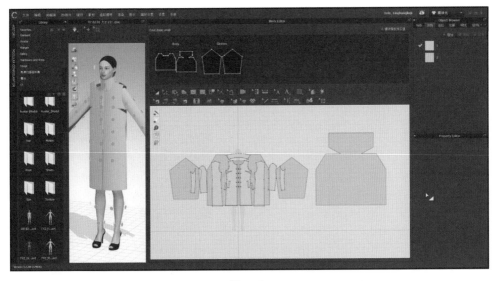

图4-81

2. 模块的放置

选择"调整样板"工具 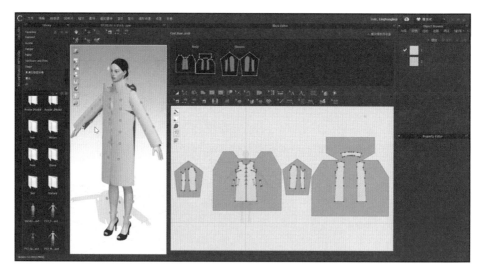，按住鼠标拖动，分别将袖子、衣身前片、口袋、衣身后片拖动到相对应的模块框内，放置完成，效果如图4-82所示。

图4-82

四、模块内部缝合

1. 基础部位的缝合

（1）使用"自由缝纫"工具 ■，先将模块框内的袖子缝合（另一只袖子同理），如图4-83所示。

（2）使用"自由缝纫"工具 ■，将模块框内的前片衣身的口袋与其相对应的位置进行缝合（另一个口袋同理），如图4-84所示（注意：先使用"勾勒轮廓"工具 ■，将

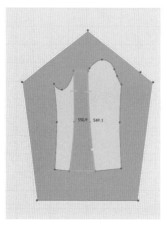

图4-83　　　　　　　　　　图4-84

口袋的缝合线，右键选择"勾勒为内部图形"，再进行口袋缝合，如图4-85所示）。使用"自由缝纫"工具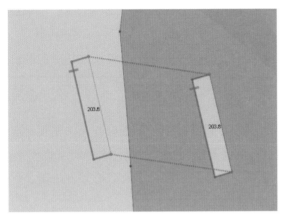，将模块框内的前片衣身的省道进行缝合，如图4-86所示。

图4-85

图4-86

使用"自由缝纫"工具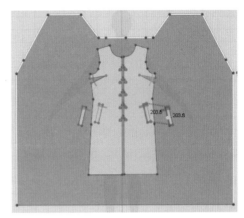，分别将模块框内的两片后片衣身的后中及后领口和领子进行缝合，如图4-87所示。

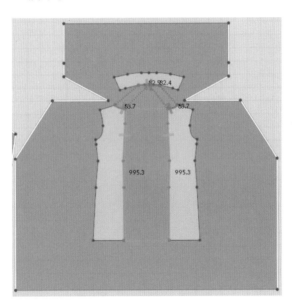

图4-87

2. 样板与模块的缝合

（1）袖子样板的缝合。

①使用"自由缝纫"工具，从模块框缝起，从右至左将模块框内的右下方与袖子左边进行缝合，如图4-88所示（另一只袖子同理）。

②使用"自由缝纫"工具，从模块框缝起，将模块框的左上方从上至下设置缝

纫线进行缝合，如图4-89所示（另一只袖子同理）。

③使用"自由缝纫"工具█，从模块框缝起，按住Shift键，从袖山顶点向下设置缝纫线，先缝合大袖片的部分如图4-90所示，再持续按住Shift键，继续向下，与小袖片部分进行缝合，缝合完成后，松开Shift键，如图4-91所示（另一只袖子同理）。

④使用"自由缝纫"工具█，从模块框缝起，将袖子的侧缝与模块框相对应的位置进行缝合（另一只袖子同理），如图4-92所示。

（2）衣身前片与模块的缝合。

①使用"自由缝纫"工具█，从模块框缝起，将衣身前片的侧缝与模块框相对应的位置进行缝合。按住Shift键，从侧缝顶点向下设置缝纫线，先缝合衣身前片的部分，再持续按住Shift键，继续向下与衣身前片部分进行缝合，缝合完成后松开Shift键，如图4-93所示。

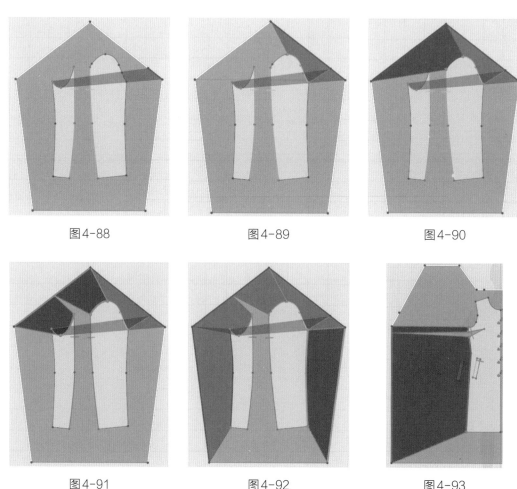

图4-88　　　　　　　　图4-89　　　　　　　　图4-90

图4-91　　　　　　　　图4-92　　　　　　　　图4-93

②使用"自由缝纫"工具█，从模块框缝起，先将前片袖窿部分与模块框相对应的位置进行缝合，如图4-94所示。再将剩余的部分与模块进行缝合，如图4-95所示。

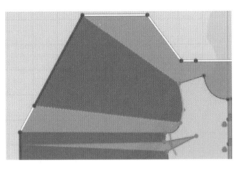
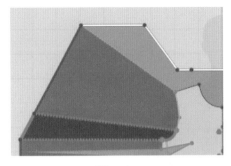

图4-94   图4-95

③使用"自由缝纫"工具■，从模块框缝起，先将前片肩线与模块框相对应的位置进行缝合，如图4-96所示。

④衣身前片与模块缝合的效果图，如图4-97所示。

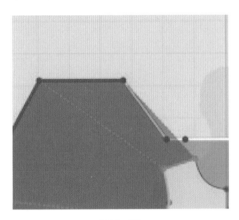
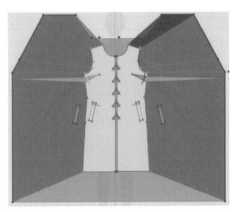

图4-96   图4-97

（3）衣身后片与模块的缝合。

①使用"自由缝纫"工具■，从模块框缝起，将衣身后片的侧缝与模块框相对应的位置进行缝合，如图4-98所示。

②使用"自由缝纫"工具■，从模块框缝起，先将后片袖窿与模块框相对应的位置进行缝合，如图4-99所示。

③使用"自由缝纫"工具■，从模块框缝起，先将后片肩线与模块框相对应的位置进行缝合，如图4-100所示。

④使用"自由缝纫"工具■，在模块框与领子对应的部分从上往下进行缝合，如图4-101所示。

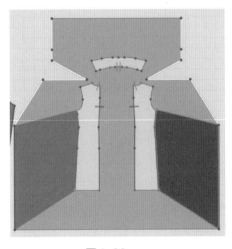

图4-98

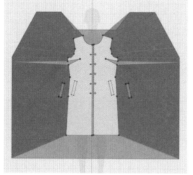

图4-99　　　　　　　　　　图4-100　　　　　　　　　　图4-101

模块与服装样板缝合后的效果图，如图4-102所示。

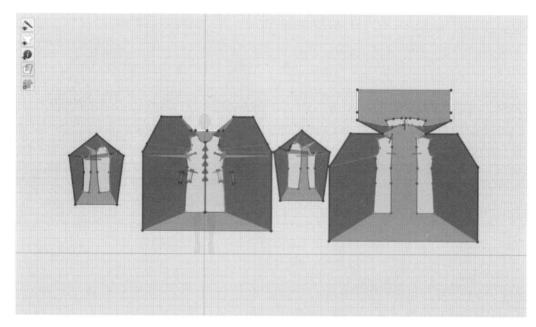

图4-102

五、3D模拟成衣试穿

1. 模拟试穿

（1）按住"Ctrl+A"键全选样板，再点击鼠标右键选择"硬化"，如图4-103所示。

（2）在3D工具栏中找到"模拟"工具■点击，即可完成模拟试穿，如图4-104所示。

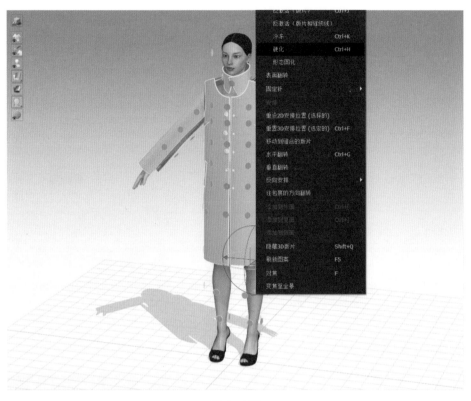

图4-103

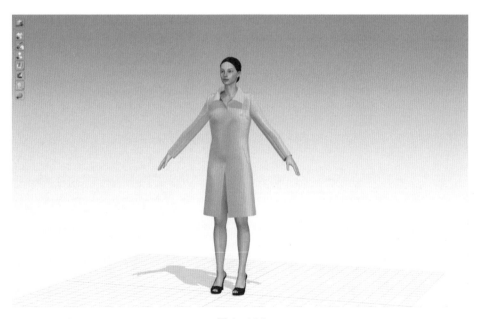

图4-104

2. 领子折叠

（1）在2D界面中使用"内部多边形/线"工具 █，在领子内画一条翻折线，如

图4-105所示。

（2）使用"勾勒轮廓"工具 ，在翻折线上点击鼠标右键"勾勒为内部线/图形"，如图4-106所示。

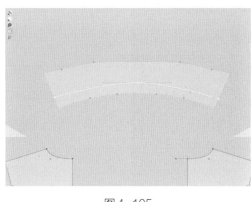
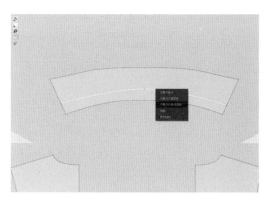

| 图4-105 | 图4-106 |

（3）按住Shift键，选中领子的翻折内部线，并在右侧的属性编辑器中将"折叠角度"的值改为"360"，如图4-107所示。

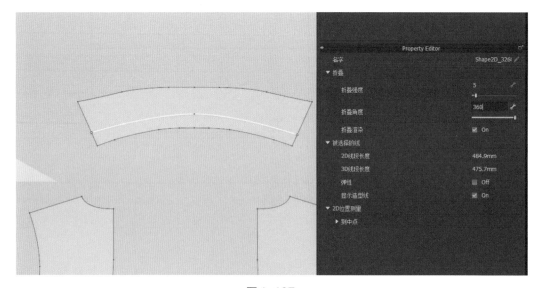

图4-107

（4）在3D界面使用"模拟"工具 进行模拟，再点击"选择/移动"工具，点击鼠标左键拖动领子，让其可以翻折，效果如图4-108所示。

3. 纽扣的设置

（1）在3D界面工具栏里找到并点击"纽扣"工具 ，再切回到2D界面，在衣身前片标记的位置设置纽扣，如图4-109所示。

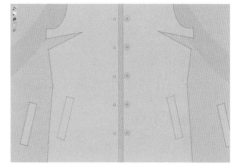

图4-108　　　　　　　　　　　　　　　　图4-109

（2）使用"扣眼"工具 ，在另外一片衣身前片标记的位置进行扣眼设置，如图4-110所示。

（3）使用"系纽扣"工具 ，点击鼠标左键选择纽扣，再用鼠标左键选择扣眼，即可完成系纽扣的操作，如图4-111所示。

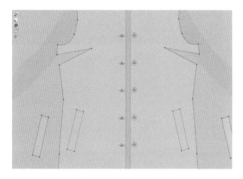
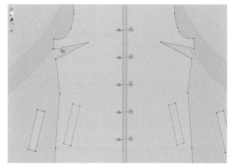

图4-110　　　　　　　　　　　　　　　　图4-111

将样板全选，点击鼠标右键"解除硬化"，重新点击"模拟"工具 ，进行试衣，并用"选择/移动"工具来对服装进行调整，如图4-112所示。

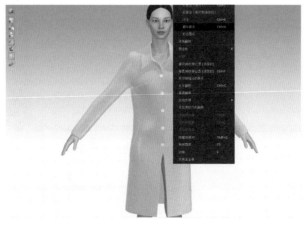

图4-112

六、面料设置

1. 设置面料属性

在窗口右侧织物栏中选择对应的面料，在物理属性预设中设置为Denim_Stretch，如图4-113、图4-114所示。

图4-113   图4-114

2. 面料纹理设置

（1）选择3D面料，并把纹理、法线贴图一一对应好相应的贴图，如图4-115所示。

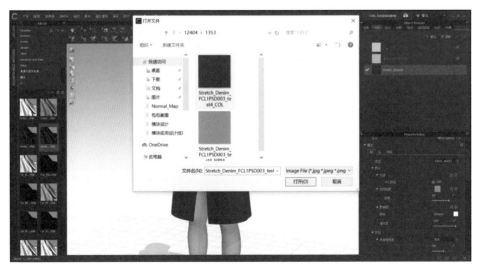

图4-115

（2）在物体窗口中选中对应的纽扣，在属性编辑器中找到"颜色"进行设置，如图4-116所示。

图4-116

（3）最终效果图，如图4-117所示。

图4-117

七、最终渲染效果图

（1）在窗口上方找到"渲染"，并用鼠标点击选择"渲染"，再次用鼠标双击"点击此处激活渲染"（注意：渲染的时候要记得停止模拟状态），如图4-118所示。

图4-118

（2）最终成品展示截取了三个具有代表性的角度图片，如图4-119所示。可以360°地观察最终表现效果图的每个细节，也可以返回修改各个数据。

图4-119

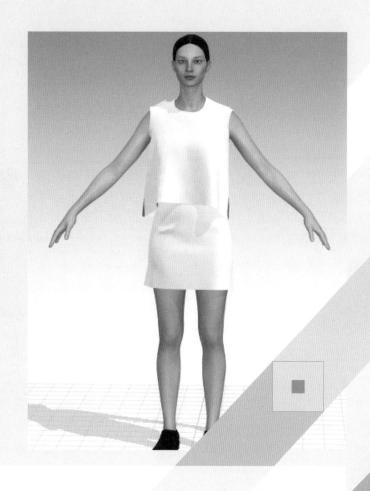

3D 服装拓展应用

第五章

课题名称： 3D 服装拓展应用

课题内容： 1. 汉服女装应用表现技巧

2. 基础款苗族服饰设计表现

上课时数： 6课时

教学目的： 了解软件多样化功能，熟悉运用 3D 服装设计软件对典型传统服装、民族化服装进行特殊操作，掌握民族服装、传统服装制作方法。

教学方式： 1. 教师PPT讲解民族服装、历史服装设计知识，根据教材内容及学生的具体情况灵活安排课程内容。

2. 教师通过电脑演示软件操作，完成传统服装、民族服装典型案例3D虚拟设计示范。

3. 学生操作练习，通过课后作业案例练习巩固知识点，以及数字教学资源加深理解软件工具的使用方法。

教学要求： 要求学生掌握襦裙服装虚拟样衣制作流程，培养学生对传统服装款式理解能力，掌握传统服装虚拟缝合方法。要求学生掌握典型案例苗族服装缝制方法，培养学生对民族服装理解能力，掌握民族服装虚拟试穿的整个流程。

课前（后）准备： 1. 课前及课后多阅读关于民族、传统服装相关书籍，了解传统服装和民族服装设计风格和特点。

2. 课后收集自己喜欢的服装设计作品，了解其设计主题构思、设计元素及设计表现，提取典型元素，完成拓展款式 3D 服装虚拟设计。

3. 提前安装好课程所需软件。

第一节　汉服女装应用表现技巧

汉服是汉民族传统服饰，承载着汉族的染、织、绣等杰出工艺和美学。本节介绍的汉服是传统汉服的款式之一——直领齐腰襦裙，三维效果如图5-1所示。

图5-1

一、准备工作

（1）打开左侧Library窗口中avatar中选择Female_V2模特。

（2）选择菜单"虚拟模特→虚拟模特编辑器"，在弹出的对话框中，选择虚拟模特尺寸选项卡，将虚拟模特上臀围改为"78cm"，下臀围改为"90cm"，腰围改为"59cm"（图5-2）。

（3）导入样板。点击左上角文件"导入→DXF(AAMA/ASTM)"，导

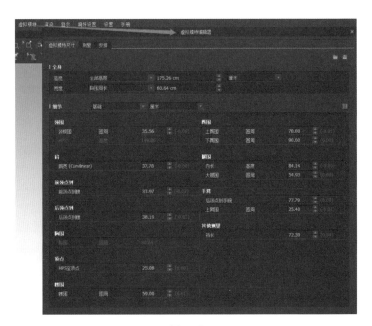

图5-2

入设置时根据制版单位确定导入单位比例，选项中选择样板自动排列，优化所有曲线点（图5-3）。

（4）样板准备（图5-4）。

图5-3

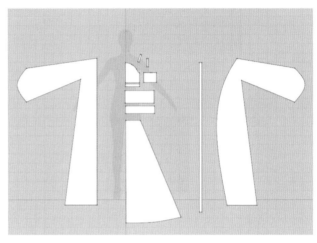

图5-4

二、样板处理

1. 板片复制

（1）在2D窗口，运用"编辑样板"工具 点击需要展开样板的中心线，右键选择展开，如图5-5所示。

（2）在2D窗口，运用"调整样板"工具 ，选中剩下需要复制的样板，点击右键选择"对称样板（样板和缝纫线）"，完成复制（图5-6）。

2. 点的处理

为了之后方便缝纫，运用"编辑样板"工具 ，选择不需要的点，右键选择"转换为自由线点"（图5-7）。

图5-5

图5-6

3. 样板安排

（1）在2D窗口，根据3D虚拟模特剪影的位置对应移动放置样板（图5-8）。

（2）在3D窗口，全选（Ctrl+A）样板，右键点击"重置2D安排位置"，使3D窗口样板位置和2D窗口样板位置对应（图5-9）。

（3）在3D窗口，运用"选择/移动"工具 ，将样板移动至虚拟模特相对应的身体位置，如图5-10所示（注意：样板在虚拟模特相对应的身体位置上，整体偏上，才能更好地进行模拟试穿）。

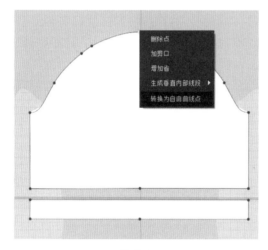

图5-7

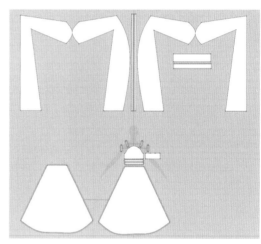

图5-8

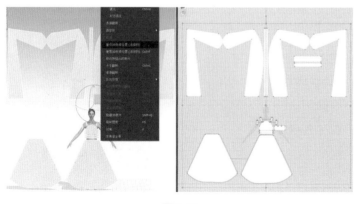

图5-9

图5-10

三、缝合样板（里衣）

因为汉服分有里外两层，所以需要先将里面的服装穿好。用"选择/移动"工具 ■■+Shift键（或者框选），选中属于外层部分的样板，右键选择"冷冻"（快捷键：Ctrl+K），如图5-11所示，这样外层的样板就不会干扰到接下来的操作。

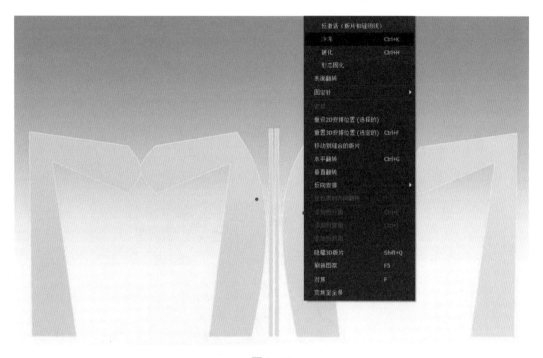

图5-11

（1）运用"线缝纫"工具 ■■ 进行缝纫，在前片肩带靠近前后片上衣的缝纫位置点击左键。然后在相应的前片上衣缝纫位置点击左键，完成缝纫（图5-12）。

（2）运用"线缝纫"工具 ■■，将前后片肩带进行缝纫（图5-13）。

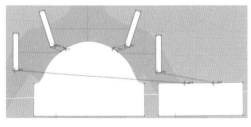

图5-12

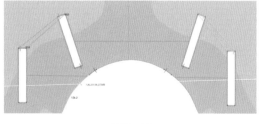

图5-13

（3）运用"线缝纫"工具 ■■，将前后片上衣、腰带、裙片进行缝纫（图5-14）。

（4）运用"线缝纫"工具 ■■，将前后片腰带和前后片上衣、裙片进行缝纫（图5-15）。

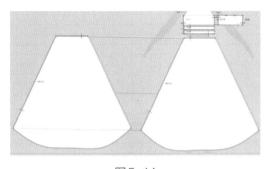

图5-14

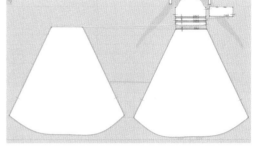

图5-15

四、模拟试穿（里衣）

（1）为了更好地模拟试穿，需要在选中样板上单击鼠标右键，选择"硬化"（快捷键：Ctrl+H），如图5-16所示。

图5-16

（2）选择上衣前后片，在属性编辑器中点选"粘衬条→宽度10mm"（图5-17）。

（3）点开"模拟"状态，服装实时根据重力和缝纫关系进行着装，完成里衣的基础试穿（图5-18）。

（4）选中样板，单击右键"解除硬化"（快捷键：Ctrl+H），试穿效果以服装悬垂无抖动为宜（图5-19）。

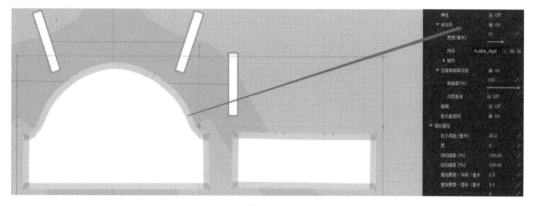

图5-17

图5-18

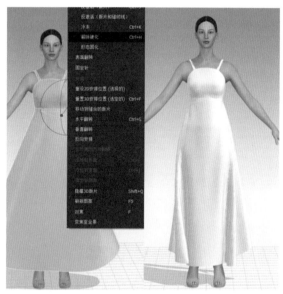

图5-19

（5）选择（里衣）样板，单击右键"冷冻"（快捷键：Ctrl+K）。

五、样板安排（外衣）

（1）选择外衣的样板（除了腰带），单击右键"解冻"（快捷键：Ctrl+K）。

（2）在3D窗口将样板放置合适的位置（图5-20）。

图5-20

六、缝合样板（外衣）

（1）运用"线缝纫"工具 ▓，将前后片外衣、衣袖进行缝纫（图5-21）。

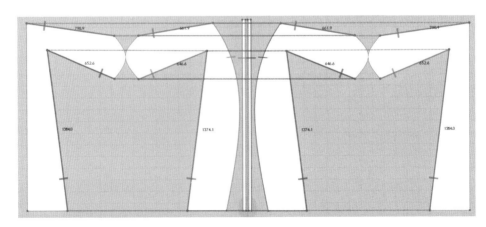

图5-21

（2）运用"线缝纫"工具 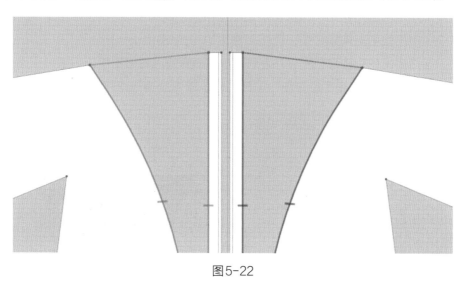，将对襟与前片左右外衣进行缝纫（图5-22）。

图5-22

七、编辑虚拟模特

点击"显示虚拟模特→X-Ray结合处"（快捷键：Shift+X），使用坐标工具，将模特的手调至合适的位置（图5-23）。

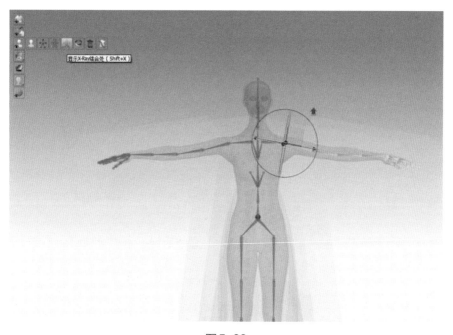

图5-23

八、模拟试穿（外衣）

（1）选中样板单击鼠标右键，选择"硬化"（快捷键：Ctrl+H）。

（2）点开"模拟"状态，完成外衣的部分基础试穿（图5-24）。

（3）在3D窗口，选择"线缝纫"工具，将对襟上端进行缝纫（图5-25）。

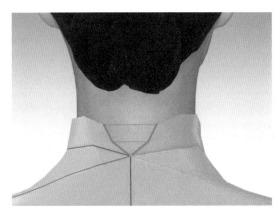

图5-24   图5-25

（4）点开"模拟"状态，完成外衣的基础试穿。

（5）再选中样板，单击右键"解除硬化"（快捷键：Ctrl+H），试穿效果以服装悬垂无抖动为宜（图5-26）。

图5-26

九、安排样板（腰带）

（1）选择腰带（大的）样板，单击右键"解冻"（快捷键：Ctrl+K）。

（2）在3D窗口将样板放置合适的位置，单击右键"硬化"（快捷键：Ctrl+H），并将外衣进行"冷冻"（快捷键：Ctrl+K）（图5-27）。

图5-27

（3）选择"显示安排点"（快捷键：Shift+F），点击合适的点，将腰带放置合适的位置（图5-28）。

图5-28

第五章 3D 服装拓展应用

十、缝合样板（腰带）

在2D窗口，选择"线缝纫"工具，将腰带（大的）进行缝纫（图5-29）。

图5-29

十一、模拟试穿（腰带）

（1）在3D窗口，关掉"显示安排点"（快捷键：Shift+F），再点开"模拟"状态（图5-30）。

（2）右键单击样板，选择"解除硬化"。

（3）选择外衣样板，使其"解冻"，模拟效果如图5-31所示。

图5-30

图5-31

十二、样板安排细化（腰带）

（1）选择"显示安排点"，点击合适的点，将腰带（小的）放置合适的位置。

（2）右键单击样板"解冻"，并选择"硬化"（图5-32）。

（3）在2D窗口，选择"线缝纫"工具，将腰带（小的）进行缝纫。

（4）在3D窗口，关掉"显示安排点"。

（5）点开"模拟"状态，右键单击选择"解除硬化"。

（6）将里衣进行"解冻"。

（7）完成汉服的全部基础试穿（图5-33）。

图5-32

图5-33

（8）运用"贴边"工具，左键单击对襟的端点至另一个端点，双击完成贴边。

（9）完成对襟、腰带贴边（图5-34）。

（10）点开"模拟"状态，并在图库窗口中双击"Pose"，选择对应的虚拟模特，选择第五个Pose（图5-35）。

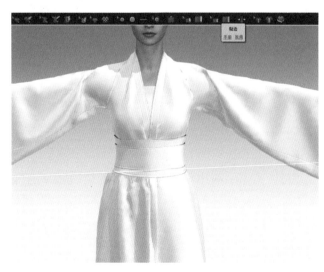

图5-34

图5-35

十三、设置面料

（1）在织物下点击增加三款面料，并将其重命名（图5-36）。

（2）将织物"里衣＋腰带（大）"，在织物属性编辑器中更改"纹理""颜色"，以及在"物理属性→预设"中将面料属性设置为"Silk_Crepede_Chine"（图5-37）。

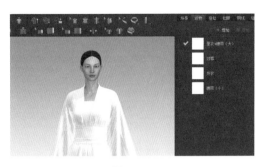

图5-36

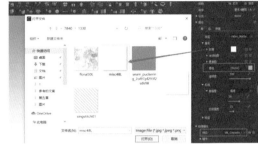

图5-37

（3）将织物"对襟"，在织物属性编辑器中更改"法线贴图""颜色"，以及在"物理属性→预设"中将面料属性设置为"Cotton_Sateen"（图5-38）。

（4）将织物"外衣"，在织物属性编辑器中更改"纹理"，以及在"物理属性→预设"中将面料属性设置为"Silk Knit Jersey"（图5-39）。

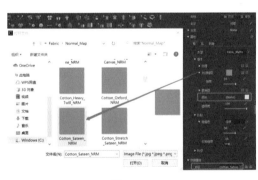

图5-38

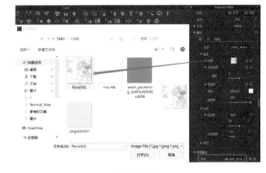

图5-39

（5）将织物"腰带（小）"，在织物属性编辑器中更改"纹理"，以及在"物理属性→预设"中将面料属性设置为"Silk_Charmeuse"（图5-40）。

（6）选择"里衣、外衣、对襟、腰带"点击"应用于选择的样板上"，完成所有面料放置（图5-41）。

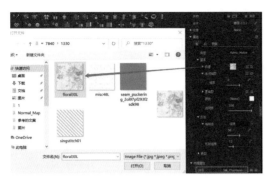

图5-40　　　　　　　　　　　　　　　　图5-41

十四、成品展示

如图5-42所示为制作的3D汉服展示的最终表现，这里只截取了三个角度的图片。在软件系统中，可以任意角度地浏览汉服的各种设计表现。

图5-42

第二节　基础款苗族服饰设计表现

苗族服饰，承载着苗族的漫长迁徙史、苗族的图腾崇拜、风俗文化和对大自然的热爱，是中国民族服饰的一大特色，其特点是独特的刺绣和精美的银饰品。本节我们将学习苗族基本型服装以及银饰品的制作方法。

一、准备工作

在CAD中打好样板并保存DXF格式。在主菜单中选择"文件→导入→DXF→打开",导入保存好的DXF格式样板。如样板排列位置不合适,可在样板窗口中,选择"调整样板"工具,移动调整样板。

二、设定层次

在2D面板选择"设定层次"工具,点击前片第一层样板,出现箭头后点击第二层、第三层后,前片层次设定成功,接着以此方法设定后片层次,如图5-43、图5-44所示。

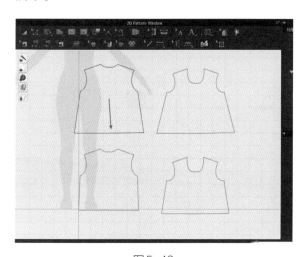
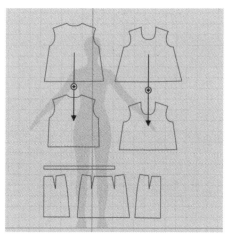

图5-43   图5-44

三、缝合样板

选择"线缝纫"工具■和"自由缝纫"工具■,根据女装上衣、A字裙基本型缝合样板,如图5-45所示。

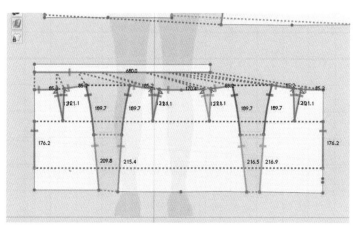

图5-45

四、虚拟试衣

1. 初步试衣
选择"模拟"工具 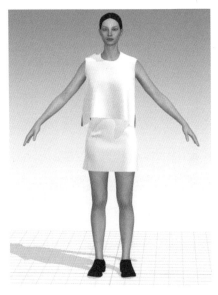，进行模特试穿，试穿效果如图5-46所示。

图5-46

2. 服装面料选择及花纹应用
点击"织物""增加" 添加图层，点击需要的图层，后找到并点击"纹理"，将花纹添加至所选图层。最后点击添加好花纹的图层拖至所需的服装样板上，如图5-47~图5-49所示。以此方法，添加剩下样板的图案花纹。制作第一层蕾丝面料时，可适当调整面料透明度，如图5-50所示。

图5-47   图5-48

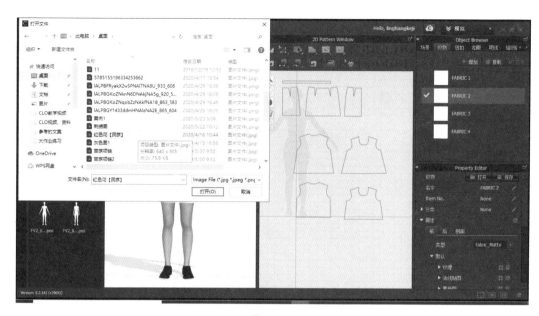

图5-49

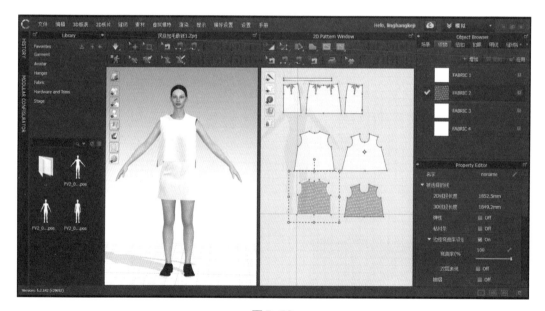

图5-50

如需选择面料属性，点击"属性"→"选择"，后点击自己所需的面料属性，如图5-51所示。

所有面料处理好后，在2D窗口找到并点击工具"粘衬条" ，在样板领口、袖窿以及上衣里层的下摆处加上衬条，如图5-52所示。

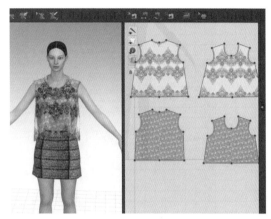

图5-51　　　　　　　　　　　　　　　图5-52

3. 银片制作

在软件AI中抠好自己所需的银饰品图片直接保存，然后回到CLO选择"文件→导入（增加）→Adobe"导入抠好的AI图片，如图5-53所示。

图片导入后对准图片左键单击，出现坐标工具后左键按所需调整图片，如图5-54所示。

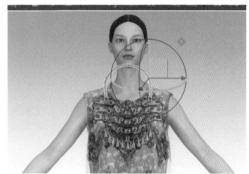

图5-53　　　　　　　　　　　　　　　图5-54

在2D面板左键单击导入的图片，右下角出现编辑面板后，把"增加厚度→渲染"调至"2.5"，"粒子间距"调为"2.0"，如图5-55所示。

选择"属性→类型"，选择面料"Metal"，如图5-56所示。选择并点击"形态固化"，如图5-57所示。

回到3D面板，选择点击左边"浓密纹理表面"，可设置导入图片厚度，如图5-58所示。

图5-55

图5-56

图5-57

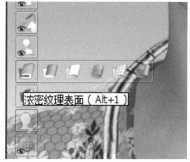

图5-58

五、效果展示

效果展示渲染图，如图5-59~
图5-61所示（局部截图，可以全方位
浏览每个部位）。

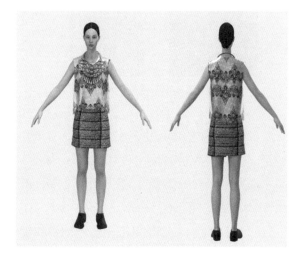

图5-59

图5-60 图5-61